FLOW-3D 在水利工程中的应用

（中　册）

李永兵　吕中维　董承山　武帅　崔海涛　邓燕　著

黄河水利出版社

·郑州·

内容提要

FLOW-3D 是一款高精度计算流体动力学(CFD)软件,以三维瞬态的自由液面解算技术为其核心优势,用于解决世界上最棘手的计算流体动力学问题。FLOW-3D 为工程技术人员提供了一个完整的、通用的计算流体动力学仿真平台,用于研究各种工业应用和物理过程中液体及气体的动态特性,自 1985 年正式推出商业版之后,就以其功能强大、简单易用、工程应用性强的特点,逐渐在 CFD(计算流体动力学)中得到越来越广泛的应用。FLOW-3D 在水利工程数值模拟方面优点明显,近年来软件技术发展迅速,为更好地利用该软件解决水利工程问题,因而编写此书。本书共分上、中、下三册,详细地阐述了 FLOW-3D 软件的基本操作步骤、简单典型例题分析、实际工程应用(包括与物理模型对比分析)等内容,为利用软件解决实际工程问题及应用推广提供了宝贵的经验。

本书可以作为从事水利工程勘测、设计、施工、运行人员的工具书,也可供科研、教学等方面的科技人员及大专院校相关专业师生参考使用。

图书在版编目(CIP)数据

FLOW-3D 在水利工程中的应用:全三册/王立成等著.—郑州:黄河水利出版社,2020.9
ISBN 978-7-5509-2752-0

Ⅰ.①F…　Ⅱ.①王…　Ⅲ.①水利工程-计算-仿真-应用软件
Ⅳ.①TV222-39

中国版本图书馆 CIP 数据核字(2020)第 134733 号

出　版　社:黄河水利出版社　　　　　　　　　　网址:www.yrcp.com
　　　　　　地址:河南省郑州市顺河路黄委会综合楼 14 层　邮政编码:450003
发行单位:黄河水利出版社
　　　　　　发行部电话:0371-66026940、66020550、66028024、66022620(传真)
　　　　　　E-mail:hhslcbs@126.com
承印单位:广东虎彩云印刷有限公司
开本:890 mm×1 240 mm　1/16
印张:37
字数:880 千字
版次:2020 年 9 月第 1 版　　　　　　　　　　印次:2020 年 9 月第 1 次印刷

定价(全三册):158.00 元

前　言

　　20 世纪 60 年代以来,随着计算机的问世和现代科学技术的飞速发展,各种数值计算方法日新月异,水力学涌现出一批新兴的分支学科。计算水力学、试验水力学、水工水力学、环境水力学、资源水力学、生态水力学、非牛顿流体力学、多相流流体力学、可压缩流体力学等等。数值模拟技术已经成为水力学发展的一个重要分支,对水力学发展起到了积极的作用。

　　FLOW-3D 是一套全模块完整分析的软件,包括前处理器、全模块的计算解法器及后处理器。该软件包含所有模拟模块,不需要额外的加购其它模块就可以模拟上述水利工程应用、视窗化的使用接口、监视模拟情形的控制台以及产生二维和三维模拟动画并打印结果。

　　FLOW-3D 同时兼具准确性和高效性,能够导入各种 CAD(iges、parasolid、step…⋅) 转化而成的 STL 格式,三维水工结构可透过 STL 格式档可分别汇入后装配成一体结构,可直接汇入地形高程图档产生水工结构周围的地形结构。软件采用有限差分/控制体积法网格划分产生结构化网格及部分面积和业界领先的 TruVOF 算法产生部分体积网格,细小的几何细节也可以通过较少的网格数量完成描述,并采用多网格区块及叠加区块技术,以使得网格加密,能够配合不同的区块精度设定,以适当的网格数量描述复杂的结构特征,更有效地生成不同大小的网格,且能根据特定的区域做局部网格加密设定,生成高质量的体网格,无需清理修补网格。软件的计算核心采用真实流体体积法技术进行流场的自由液面追踪,能够精确地模拟液气接触面每一尖端细部流体的流动细节现象。FLOW-3D 软件对实际工程问题的精确模拟与计算结果的准确性都受到用户的高度赞许。

　　在多年的发展中,FLOW-3D 显示出了自己的功能特点,成为一款工程师们必不可少的高效能计算仿真工具,工程师可以根据自定义多种物理模型,应用于各种不同的工程领域。FLOW-3D 具有完全整合的图像式使用界面,其功能包括导入几何模型、生成网格、定义边界条件、计算求解和计算结果后处理,也就是说一个软件就能使使用者快速地完成从仿真专案设定到结果输出的过程,而不需要其他前后处理软件。FLOW-3D 自带的划分网格工具,结合了简单矩形网格弹性化设计的优点,这种特色称为"free-gridding",可自行定义固定格点的矩形网格区块生成网格,不仅易于生成网格,而且建立的网格与几何图档不存在关联性,可以自由变更,且网格不受几何结构变化的限制。这个特色大幅度取代了有限元素网格必须与几何图档建立关联,不易变更网格图档的缺点。利用这种自行定义固定格点的矩形网格区块(因为容易产生,并适用于各种仿真模拟),流体可为连续或者不连续的状态。这样的特性可提升计算精确度、较少的内存量以及较为简单的数值近似。FLOW-3D 提供多网格区块建立技术,使得在对复杂模型生成网格时,在不影响其他计算区域网格数量的前提下,对计算区域的局部网格加密。该技术能够让有限差分法计算更有弹性,并且更具效率。在标准的有限差分法网格中,局部加密可能会造成网格大幅增加,因为局部加密网格会对整体网格的三维方向造成影响。而采用多网格区块,能够采用连接式(Linked)或者是巢式(Nested)网格区块进行网格建立,针对使用者希望察觉问题的部分做局部加密,而不影响整体网格。使用者可以用较少的硬件资源完成复杂的计算。FLOW-3D 独有的 FAVORTM 技术(Fractional Area/Volume Obstacle Representation),使其所采用的矩形网格也能描述复杂的几何外形,从而可以高效率并且精确地定义几何外形。FLOW-3D 与其它 CFD 软件最大的不同,在于其描述流体表面的方法。该技术以特殊的数值方法追踪流体表面的位置,并将适合的动量边界条件施加于表面上。在 FLOW-3D 中,自由液面是以由一群科学家(包括 FLOW Science 的创始人 Dr. C. W. Hirt)组织开发的 VOF 技术计算而得。许多 CFD 软件宣称其拥有与 VOF 类似的计算能力,但是事实上仅采用了 VOF 三种基本观念中的 1 种或 2 种,采用伪 VOF 计算可能得到不正确的结果。而 FLOW-3D 拥有 VOF 技术中的全部功能,并且已被证明能够针对自由液面进行完整的描述。另外,FLOW-3D 更基于原始的 VOF 理论,进一步改进开发了更精确的边界条件以及表面追踪技术,称为 TruVOF,该算法能够准确地追踪自由液面的变化情况,使其能够精确地模拟具有自由界面的流动问题,可精确计算动态自由液面的交界聚合与飞溅流动,尤其适合高速高频流动状态的计算模拟。

本书主要内容是如何使用 FLOW-3D 进行管理、分析、建模等操作,进一步促进 FLOW-3D 软件在水利行业的应用,为水利工程企业节省可观的成本和时间。上册系统地介绍了数值计算的基本控制方程、结构化网格法、TruVOF 流体体积法、FAVORTM 方法,认识并如何使用管理、建模、分析、显示等用户图形界面。了解到单位系统及其后处理,例如:如何打开结果/重新加载结果,以及如何生成点,一维、二维、三维的相应结果数据。了解到各种边界条件,如壁面是否考虑滑移(slip/no-slip walls free/partial-slip walls)、壁面粗糙度(wall roughness)、速度/体积流量边界、质量源(mass/mass sources)、压力/静水压边界(pressure/hydro-static pressure boundary conditions)、出流边界(outflow boundaries)及后处理分析;中册通过简单水利工程实例,让读者学会水利工程数值模拟计算的操作步骤;下册为实际工程案例应用,通过 FLOW-3D 的数值模拟结果和工程物理模型试验结果的对比,使读者能将 FLOW-3D 真正的用于工程,节约成本和时间!

全书由王立成统稿,吕中维、李永兵、林锋、郑慧洋、田新星、董承山对本书进行校核,其中上册由王立成、林锋、田新星、赵琳、朱涛、赵彦贤著写;中册由李永兵、吕中维、董承山、武帅、崔海涛、邓燕著写;下册由郑慧洋、李桂青、吕会娇、禹胜颖、苏通著写。

编　者

2020 年 8 月

目　　录

10   水力教程详解

本章模拟水流通过薄壁堰从水库进入下游水池,通过详细的操作步骤,进一步熟练操作。

10.1   问题提出

如图 10-1 所示:水从 18 cm 高堰流过,水流在堰底的速度可近似按自由落体运动分析得出:

$Velocity = sqrt(2×980×18) = 187.8(cm/s)$

流体的雷诺数为:

$Re = 30\ cm×187.8\ cm/s÷10^{-2}cm^2/s = 5.6×10^5$

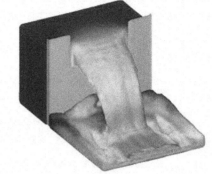

图 10-1   水流模拟

雷诺数大,意味着与惯性力相比,黏性力不可忽略,不需要精细的网格求解壁黏性剪切层。当然,由于流态的紊乱,液体内部有很多黏性剪切力,需要在模型中指定黏性参数。

邦德数按下式求得:

$$Bo = 980\ cm/s^2×1\ gm/cc×(30\ cm)^2÷(73\ gm/s^2) = 1.2×10^4$$

韦伯数按下式求得:

$$We = 30\ cm×(187.8\ cm/s)^2×1\ gm/cc÷(73\ gm/s^2) = 1.45×10^4$$

大的邦德数和大的韦伯数表明,与重力和惯性力相比,表面张力可忽略。这种情况模型,不考虑表面张力。

问题的大小(模型运行的时间)可以利用堰中心顺水流平面的对称特性进行简化。因此,仅需要模拟整个范围的一部分(即堰的后半部分),就可得到堰的全部信息。对问题进行简化后,下面是如何建立这些条件,如何确定几何条件,利用 FLOW-3D 求解问题。

10.2   建   模

10.2.1   总体参数

点击"Model Setup"表的"General"表,"General"是确定整个问题的参数,如结束时间、结束条件、界面追踪、流体模式、液体的数量、提示选项、单位及精度。

本书中流场,当液体达到几乎稳定状态时,它的时间是 1.0 s。因此,通常设定结束时间为 1.0 s。对一个实际问题,可能运行这种模拟的时间会更长一些。但是,对于本运行,需要限定时间,在"Simulation units"标题菜单中,选 CGS 单位(厘米、克、秒),其他设置采用缺省设置。

在"总信息表 Global tab"的底部注释中,可以在第一行为问题指定一个名字。名字会出现在所有输出文件和图形上。本例名称为"Flow over a Weir"(过堰流体)。

10.2.2 建立几何体

将添加元件定义堰体。首先,输入一个已有的 STL 文件,weri1.stl,该文件放在目录"C:\FLOW-3D\gui\stl_lib"。切换到"几何与分网 Meshing & Geometry"表,单击工具条 STL 图标,会打开标题为"几何 Geometry"的对话框,点击添加,打开对话框,找到并选择 weri1.stl。在"Geometry File"点击 OK,接受缺省设置。在之后出现的添加部件对话框中接受缺省设置。现在 STL 文件已经输入,并且出现在工作空间中。输入文件也被列在树形结构表中。

其次,通过"FLOW-3D"简单建模创建另一个组件,来添加上游水库河床。在工具栏点击 box(盒子)图标,盒子对话框显示如图 10-2 所示。

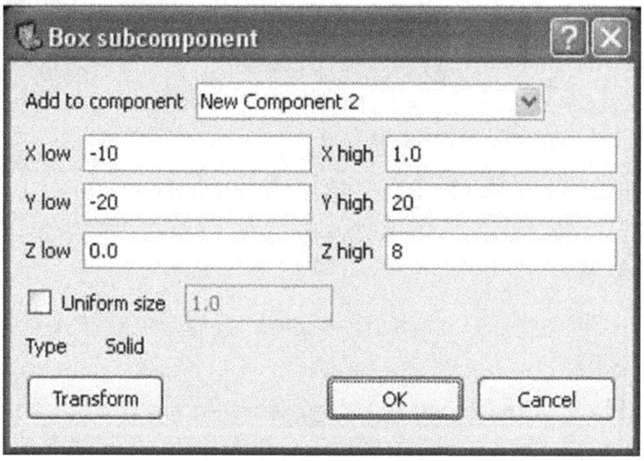

图 10-2 盒子组件选项

为了能够定义堰上游河床不同的特性(如添加糙率参数),应将河床定义成一个单独的部件。这是因为 FLOW-3D 组件中的所有子部件共享相同的参数。因此,在盒子子部件对话框的下拉菜单中,选择"New Component 2",输入盒子尺寸,如图 10-2。其他按缺省设置。

在盒子对话框中,单击 OK,接受缺省参数。下一个对话框出现(添加组件)。盒子会作为新子部件在左侧树形结构及工作空间中出现。

注意:对本教程,提供了河床的范围。为了能够确定河床尺寸,可以通过树形结构查看 STL 文件的尺寸。通过单击"+"号,打开部件 1 数据,打开子部件 1 分支,查看部件的 X、Y、Z 方向的最大、最小尺寸。

10.2.3 分网

在进行任何模拟时,最重要的工作之一是考虑如何定义计算网格。网格单元的数量,取决于定义边界的尺寸。并且,网格单元的数量极大地影响计算结果、运行时间、计算精度,因此,问题的范围必须仔细选择。总之,在问题未做好之前,应当谨慎勾画问题的简图。

对本问题,需要定义的问题有 2 个:堰后流体及堰前面流体流过的范围,当然还有堰本身。注意,不要将范围定得太小,如图 10-3、图 10-4 所示。如果堰上游范围定得太小,如图 10-3 所示,计算结果可能不稳定,因为可能会出现突然的加速度。如果堰下游定得太小,如图 10-4 所示,边界条件会影响流态。同样,边界范围不应定得太大,因为没有必要增加计算规模。

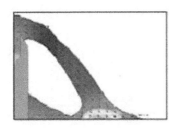 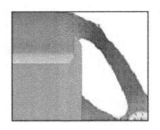

图 10-3 计算结果不稳定   10-4 堰下游范围定得小

FLOW-3D 使用结构化的计算网格。这些网格不是方块就是圆柱。既然计算时间随网格数量的增加而增加,应严格减少范围内无用的部分。FLOW-3D 容许使用多网格块,可以消除范围内无用的部分。通过 2 个、3 个或者更多的块,可以考虑减小计算范围。

对于这种情况,将采用比较粗糙的一块网格,开始计算,将在重点关注区域嵌套精细网格。在 FLOW-3D 中,有两种方式创建和定义网格:手工定义及图形定义。这里,叙述手工定义网格。

首先定义网格范围:-10<X<20, 0<Y<10, 及 0<Z<18。考虑对称性,减小计算范围,仅需要堰模型的一半,将 Y 范围限制为 STL 对象宽度的一半。

已保存的输入文件 prepin.inp 中包含一个默认网格。它可在树结构下查看到(笛卡儿坐标系)。在树结构中,单击 1 开放的 X、Y 和 Z 方向的分支。在编辑框中包含各方向范围的单元数。

在 X 方向分支,修改范围:Pt1→-10,pt2→20,设置 X 方向单元总数量为 30,刷新网格显示变化(点击更新网格图标或 CTRL+U),如图 10-5 所示。

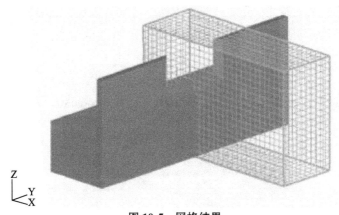

图 10-5 网格结果

10.2.4 边界条件

计算范围的所有边界都需要边界条件。缺省情况下,FLOW-3D 将所有边界设为对称,即边界没有不稳定的特性和剪切。

对于本问题,X 最大、X 最小边界设定为水压力边界。为了模拟大水库的流态,这两个边界必需保持恒定流深度。图 10-6 和图 10-7 给出了水边界的工作方式。图 10-6 显示了水边界在右侧,流体的高度大于内部流体的高度,因此,水是流进边界。图 10-7 显示了同样的边界,但是边界液体的高度小于内部液体的高度,液体流出边界。

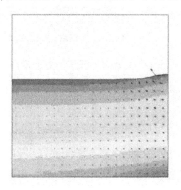 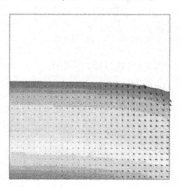

图 10-6 初始流体高度设置　　　　图 10-7 随着流体高度调整

既然我们利用对称特性仅处理堰的一半,Y 最小边界是个对称平面。

Y 最大值边界也将设为对称边界,一个自由、光滑、无渗透的边界是必要的。如果边界距离堰流体足够远,边界不会影响流态。如果边界距离堰流体太近,它将阻止水在 Y 方向按自然的方式流动。

在对称边界中剩下 Z 最大、最小边界了。它们与流体不接触,因此边界并不重要。只需简单地接受这两个边界的缺省设定。

为了这些选项,点击建模(Model Setup)下的边界(Boundaries tab)。

边界及边界约束在左侧树形界面显示。每个边界可以点击其右侧按钮设定。在工作空间,划分的网格也同时显示,每个网格边界显示一个图标,如图 10-8 所示。

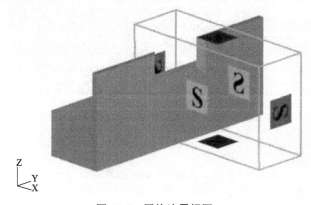

图 10-8 网格边界视图

点击 X 最小边界按钮,选择指定边界压力按钮(the Specified Pressure Radio button)。而且,选择总压力(Stagnation Pressure)检查框,设定液体高度为 15.5,见图 10-9。点击 OK 关闭 X 最小边界对话框。在这个边界上,液体将保持 15.5 cm 高的水压力。水将通过边界进入内部。

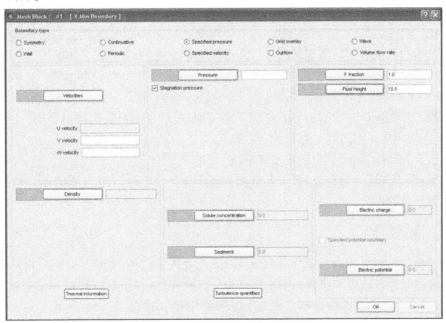

图 10-9　边界类型调整

现在,点击 X 最大按钮,对该边界选择指定压力按钮(the Specified Pressure radio button)。同时,选择总压力(the Stagnation Pressure)检查框,设置液体高度为 1.7。设置 F 百分比值为 0(这将阻止液体通过网格进入边界)。关闭 X 最大值对话框。在这个边界中,将保持一个水压力,液体高度将维持 1.7 cm,因为流体百分比已经设定为 0,水将不能流入,但可以自由流出。

10.2.5　初始参数

下一步是设定本问题的内部条件。已设定 X 的最大、最小边界为水压力,需激活水压力选项,以保证边界条件正确设置。

点击建模下的初始条件表(Initial tab),在初始压力域(Initial Pressure Field),选择 Z 方向静水压力按钮。这将初始化网格中所有液体初始条件为静水压力,同时也指示垂直压力边界为静水压力边界。

下一步,在网格中创建初始流体。点击添加(Add),弹出编辑范围(Edit Region)对话框,在对话框中,设置 X 方向高度"X High"为 0,Z 方向高度"Z High"为 15,同时应按下在流体选项下的添加流体按钮(Add fluid radio button)。然后,按 OK。再次按添加流体按钮,添加第二个流体域,在编辑域对话框中,设置 X 低(X low)为 1,Z 高(Z high)为 1.7。然后,按 OK。这两个流体域,在零时刻将流体放入网格。

注意:流体域即为流体的范围,如果在某个方向未设定值,则这个方向流体范围到模型边界。

10.2.6 选择物理模型

现在,考虑把很多物理模型打开。在总述中,讨论了不同的无量纲参数,以及对本问题的影响。应考虑黏性,忽略表面张力,流体与壁之间为非光滑,采用壁剪切模型,确定了壁的非光滑边界条件。其他有关的参数为流体的重力场,不考虑温度的影响。

在建模(Model Setup)中选择物理表(Physics tab),点击黏性和紊流(Viscosity and turbulence)按钮,并且选择牛顿黏性(Newtonian viscosity)按钮。选择壁剪切边界条件的非光滑或部分光滑(No-Slip or partial slip)的按钮,最后点击 OK,关闭对话框。已选择黏性计算,同时考虑了壁边界的黏性剪切影响。

点击重力按钮,设定 Z 方向重力加速度-980 cm/s²。

注意:重力加速度为负值,是因为重力方向在参考系中指向-Z。激活重力加速度,重力就成为液体的体力。

10.2.7 流体设定

在建模(Model Setup)的流体表(Fluids tab),要提供流体的类型。本例中水是流体,需要指定的特性有密度和黏性(忽略表面张力的影响)。直接在树形特性表中输入这些特性,也可在流体数据库中加载。水处于标准大气压,温度 20 ℃。

选择建模(Mode setup)中的流体表(Fluids tab),在流体数据库节,找到温度为 20 ℃ 水,单位为 CGS 制,点击加载流体 1。第一种流体的黏性和密度已被设定。在特性树中,可以展开相应的项目,验证流体的黏性和密度(水的密度为 1 000 kg/m³)。

注意:在物理表中激活流体后,定义选定模型流体的特性是重要的。如果未做这些,在模拟运行已经结束后,模型无法激活。

10.2.8 输出选择

在模型运行过程中,重启数据的时间间隔,等分为 11 段。重启数据输出的所有单元的有关信息,依赖于物理模型的选择。选择输出表(Output tab),在重启数据域,设定时间间隔为 0.05,这样,每 0.05 s 和 1 s 总共 20 步计算结果。

10.2.9 数据

本模拟不需要对此做任何调整。数据表用于设定多个选项,可以设置压力结果的类型,可以控制时间步,如果时间步由隐含选项的模型限制,可以使用隐含的选择,如热传导、黏性、弹性张力、表面张力或者水泡压力。用于表面跟踪或动量,可以选择不同的水平对流选项。

10.2.10 预处理

运行模拟的最后一步为对工程的预处理。在文件菜单中,点击保存模拟选项,保存修改的变化。在 Simulate(模拟)菜单下,点击运行预处理。这将把液体嵌入网格,并且产生可视的初步结果。点击"Analyze Tab"分析表。显示标题为"FLOW-3D Results"FLOW-3D 结果的对话框,点击用户化按钮,选择文件"prpgrf.dat",然后 OK。"DISPLAY tab"自动打开,显示绘图选项。选择 3D 表,在等轴透视图选项"Iso-surface Overlay Options"框中点击实体"Solid Volume"按钮。下一步,点击生成"RENDER"按钮,验证初始条件。能看到被对称轴切开的半个堰及上下游流体区域,如图 10-10所示。

图 10-10　生成初始条件

10.2.11　运行模拟

对模型满意后,在模型菜单中点击运行模拟(Run Simulation)来运行。预处理会再次运行,在此基础上立即运行至完成。本例运行时间大约 1 min。

10.2.12　查看结果

当模拟运行结束,点击(Aanlyze tab)分析表,选择左下边打开结果文件按钮(Open results file),同时选择用户按钮,选择文件 flsgrf.dat,并点击 OK(如图 10-11 所示)。

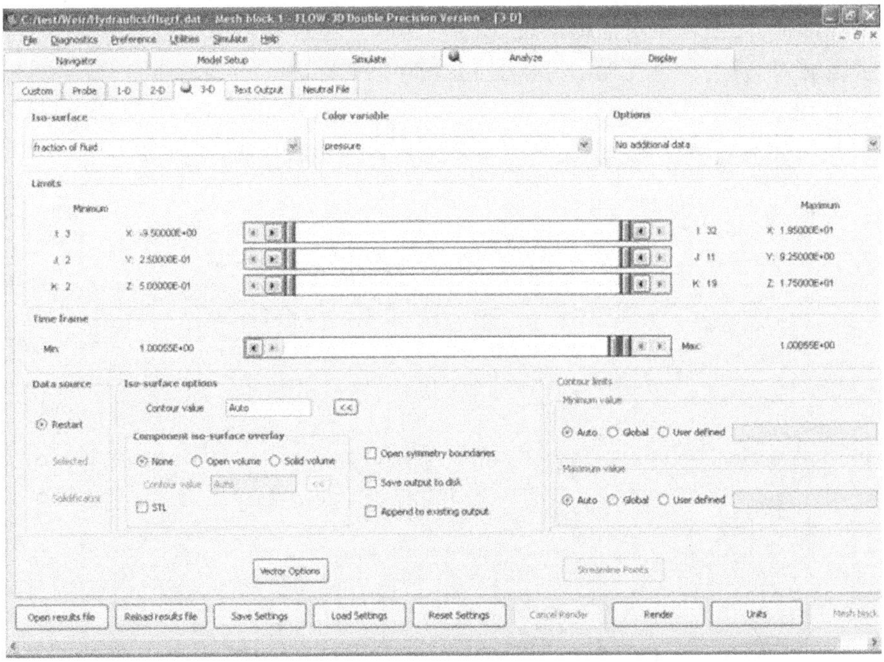

图 10-11　分析表面板

显示 X-Z 平面—最小坐标的 2-D 绘图(通过堰中心,接近对称平面),点击生成。图形在显示(Display tab)表中自动出现。

也可显示 3D 图。为了显示运行的结果,将小时间滑钮滑到最小,大时间滑钮滑到最大。点击生成。图形在显示(Display tab)表中自动出现,如图 10-12 所示。

注意:流体缓慢加速,落到下游的堰中。最终,由于流体惯性而与堰壁分离。实际上,流体开始时,有一些动力在起作用,而不在模型中。换句话说,闸门被打开,水库水位高度增加,等等。

因为本问题目标是检查流过堰的恒定流,选择初始条件,使堰流达到稳定条件。因此,增加另外流体域,使水流过堰,而不是与堰接触。图 10-13 显示了其结构。也设定一个 X 方向的流体速度使流体流过,而不是细流。这些初始条件不是非自然的,会发现以这种方式流过堰的流体与自然流动不同。

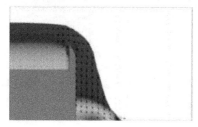

图 10-12 初始结构

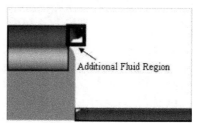

图 10-13 附加构造

图 10-12、图 10-13 为了对比本设置的计算结果与以前的不同,在"Navigator tab"关闭后,在文件菜单下选择添加模拟增加一个拷贝。取名为"Hydraulics2",并保存。

点击添加流体,编辑域对话框出现(见图 10-14),在堰外侧添加矩形流体域。

在编辑域对话框,设置 X low 为 0,X high 为 2.5;Y low 为-5,Y high 为 5.0;Z low 为 13.0,Z high 为 15.0,点击 OK。

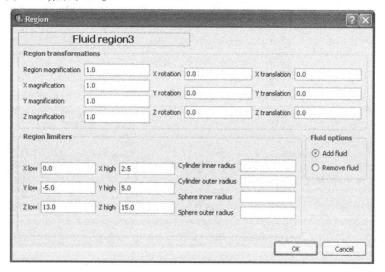

图 10-14 添加流体面板

在流体初始状态,设置 u-velocity(在 X 方向)为 20。这将促使流体流过堰。

点击总信息表"General tab",在注释栏添加"3 Regions"标题。在文件菜单下,点击保存模拟选项以保存修改。

在模拟菜单下点击预处理来检查模型。当预处理结束,可以检查。点击分析表单,选择打开结果文件项来打开 FLOW-3D 结果文件对话框。保持用户化按钮按下,找到结果文件 prpgrf.dat。在 2D 表,点击 X-Z 平面按钮,设置 Y 范围滑条包括整个区域。这将会创建所有 Y 平面的 X-Z 图形。点击"render",打开显示表(display tab)中的图形。现在,回到分析表,并打开 3D 表,在"ISO-surface"下拉框,设置为显示"fraction of fluid"。点击生成,在"display tab"表中显示结果。

当显示结果满意后,运行 FLOW-3D 求解器。本问题运行时间小于 2 min。

当求解完成运行,查看分析结果,通过点击标签,打开 FLOW-3D 结果对话框。随着自定义单选按钮(Custom)选择,找到并选择该文件 flsgrf.dat。点击确定。会打开面板含 1D,2D 和 3D 选项。

查看 2D 图形,在最低 Y 在 X-Z 平面坐标(这是通过堰中心,靠近对称面)。选择 X-Z 平面,并设置最小和最大 Ȳ 滑块到最低值。然后点击渲染。

变化:为了提高准确度添加嵌套网格。

这一变化的目的是要表明,结果的精度在不重新分网格的情况下可以提高。在大的加速度的部分使用嵌套的网格,可以提高精度,且无明显影响求解时间。

在这种情况下,堰附近的液体及流过地面的液体会有巨大的加速度。在这些区域采用嵌套网格来分析问题,以更好地分析问题。但是,为了减少计算时间,并同时使用嵌套网格,我们只要一个嵌套网格,如图 10-15 所示。

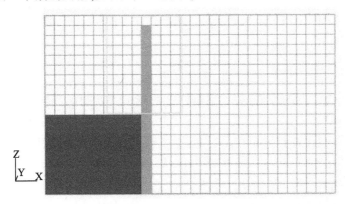

图 10-15   单定义嵌套网格

首先,选择"Navigator tab"表,在文件菜单下,选择"Add Simulation Copy",复制一份原先运行的工程。在对话框中将它取名为 Hydraulics3,并单击文件菜单下或按 CRTL - s 选项的保存工作区。

点击"Meshing & Geometry"标签。我们将嵌套第二块网格,以便更好地分析水流过堰流动。将使用图形的方法创建网格。在工作区顶部点击负 X-Z 平面图标,如图 10-15 所示。然后点击工具栏上的创建网格图标(或从网格菜单中选择或按 Ctrl - R),按住鼠标左键,单击按钮并绘制出了几个单元,从一个方块左侧,自上而下向堰的顶部右侧。当松开鼠标按钮时,弹出一个对话框,要求您输入一个网格的数量。允许预设数量(1 000),修改这个网手动树。现在点击图标网再次关闭图形工具。

从创建模式退出后,可旋转网格块来看看我们所做出的修改。可以看到,网格块没有足够细,需要覆盖范围。

现在,在树结构中,我们将调整这一新的第二块域-3 <X<3.0 <Y<2.5 和 8<Z<18。请注意,我们选择了一个范围,并且使求解这个范围会运行更快。这可能是一个真正的世界性的问题,一个偶数嵌套网可能被使用。人们也许还需要添加更高的分辨率,以更好地捕捉在放流池底部的薄液层,但不会在这里完成。

在网状树,对 2 块点击和开放的 X、Y、Z 方向的分支。设置 X 方向范围:pt1→-3,pt2→3。设置总网格数为 12。现在设置 Y 范围:pt1→0,pt2→5,设置总网格数为 10。最后,设置 Z 方向范围:pt1→8,pt2→18,将网格总数设为 20。现在点击 Update 图标(或选择网>更新或按 Ctrl-U)的刷新网格。应该显示如图 10-16 所示。

图 10-16　调整网格

对于任何一个嵌套网格和网格边界,连接到或在另一个网块中,用户不需要指定边界条件。FLOW-3D 在预处理器中会自动定义为"网块"。

单击常规选项卡,并在说明中追加"嵌套块"标题。通过单击文件菜单下的模拟选项保存的更改。

为了检查设置,单击菜单下的模拟仿真预处理选项,在预览模式下运行预处理器。当预览完成后,检查网格和边界条件。要检查网格,单击分析选项卡,打开 FLOW-3D 结果对话框。按下单选按钮,然后选择文件 prpplt.dat。点击确定,在显示选项卡上查看网格图形。

要检查边界条件,点击 FLOW-3D 菜单栏中点击"Diagnostics"菜单,选择预处理报告(Preprocessor Report)。每个网块体边界条件类型将显示。

对设置感到满意,单击运行菜单下的模拟运行 FLOW-3D 三维求解器。由于大量的单元,它可能需要长达 10 min 完成。

当求解完成运行,查看分析结果,通过点击标签,打开 FLOW-3D 结果对话框。随着自定义单选按钮选择,找到并选择该文件 flsgrf.dat。点击确定。通过选择 2D 和 3D 按钮,多块可以被观察到。

变化:作为双流体问题运行。

通常,当两流体模型(例如,还模拟空气的流动)是需要的,用户不知道什么时候使用自由表面模型(一尖锐的界面追踪液体)。对于这种变化,将在模型中包含空气,看看会发生什么。

注意:因为你已经通过建立和运行问题好几次,下面简化讨论。

首先,选择 Navigator 选项卡后,在文件菜单下,添加仿真,复制先前运行仿真。在对话框中将它命名为 Hydraulicsair,并单击文件菜单下的模拟或按 CRTL-S 选项,保存工作区。

在模型建立>总体(Model Setup>Genera),在流体数量中,选择两种流体。我们将舍弃自由表面或界面(Interface Tracking at Free Surface or Sharp Interface)和不可压缩流体模式接口跟踪。空气是可压缩流体,在本问题中马赫数低,因此,假定空气的不可压缩性是合适的。更改在标题部分追加"空气",并通过单击文件菜单下的模拟选项的更改保存的第一行标题。

　　在模型设置>流体,加载流 2 空气性质。高亮度显示的空气温度在 15 ℃,CGS 单位,单击加载在流体 2。这将设置第二流体,空气的黏度和密度。这可以通过扩大的黏度和在左侧属性树验证。

　　选择菜单下的运行仿真模拟选项运行的问题。这个问题应该运行在大约 4 min。

图 10-17　水/空气界面扩散

　　当模拟完成后,选择点击文件 flsgrf.dat,查看结果进行分析。查看在 X-Z 平面的二维图在最小 Y 坐标(通过堰中心,靠近对称面)。对流体部分设置轮廓变量。然后点击渲染。这些照片中的颜色显示每个单元中的水含量。补体是空气的一小部分。请注意,有扩散的水/空气界面和水是进了空气(如图 10-17 所示)。也有相当高的空气流速。

　　应当指出,这些结果是没有实际意义的。主要问题是,在每个单元的面,只有一个(混合物)的速度计算。在现实中,因为流体密度的不同,空气流速和水流速度有着显著差异。当两流体的密度差异很大,即大约超过了 10 倍以上,这种混合速度可能无法充分反映,因为在同一单元格中,流体流动速度可有很大差异。因此,流体之间的滑移条件不能准确模拟,这可能导致一个不正确的流体界面运动。

　　底线是,当两个液体密度差别很大,两流体模型是不准确的(许多其他的 CFD 软件包,采用自由表面问题进行处理,这是唯一的方式)。为了模拟自由表面问题更准确,FLOW-3D 使用一个真正的三维 VOF 方法,适当运动的流体(在这种情况下水),保持锋利的界面,并且不计算空区域(空气)的动力。

11 抗冲磨混凝土优化设计

含沙高速水流对水工建筑物过流面混凝土的冲磨破坏是水电工程建设和运行中的疑难问题。随着西部大开发和西电东送发展战略的实施,我国要兴建一批大型高水头电站,其泄流流速均达 40~50 m/s,对抗冲磨材料的抗裂性、抗冲磨能力和快速易施工性(特别是防护和修补材料)等均提出了更高的要求。目前工程中较常用的抗冲磨方法有:采用高强混凝土、采用高强硅粉混凝土、涂刷高分子抗冲磨材料、喷涂聚脲高抗冲耐磨防护材料等。

11.1 高强混凝土

(1)高强混凝土水泥掺量大,水化热高,在温度应力作用下极易产生裂缝,高速水流的脉动压力通过裂缝将消力池底板掀起破坏,这样的工程事故很多。

(2)高强混凝土造价高。

(3)高强混凝土施工不便,底板结构混凝土一般为 C25,而高强混凝土标号一般为 C40 或超过 C40,两种混凝土弹模相差较大,且施工过程需要分仓浇筑,尤其是立面,施工不方便。

11.2 聚脲的高分子涂层

(1)对混凝土基面(基面干燥、平整、不允许有麻面、蜂窝、孔洞、污物等)、施工环境(气温条件、风速、日照等)、施工人员技能要求高。

(2)高分子涂层与混凝土基面黏结强度不高,稍有黏结不好部位,在高速水流作用下,就可能掀起,大面积破坏。

(3)高分子涂层,容易刺破,产生孔洞,高速水流作用下,极易在这些部位破坏整个涂层。

(4)高分子涂层在日照、冻融、风吹情况下易老化,耐久性能差,需经常维修,给后期运行管理带来不便。

11.3 原设计情况简介

某水利枢纽工程初设批复设计情况:溢流面、消力池、底孔出口以外部位均采用 50 cm 厚的 C40 抗冲磨混凝土,下部采用 C25 常态混凝土。具体设计如图 11-1 所示。

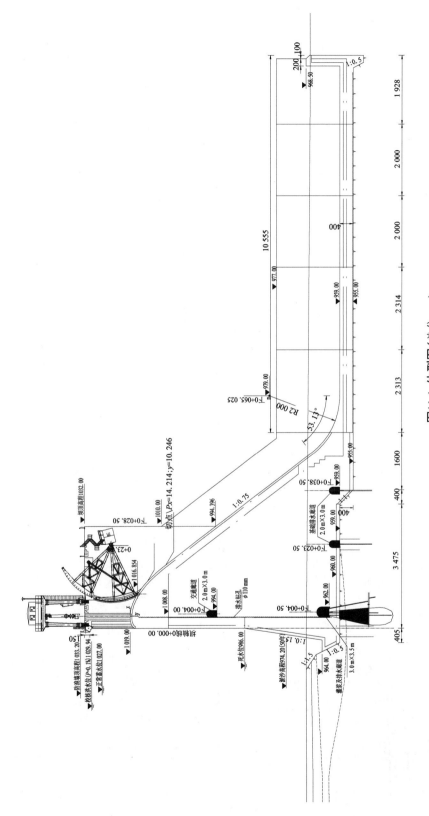

图11-1　体型图（单位：cm）

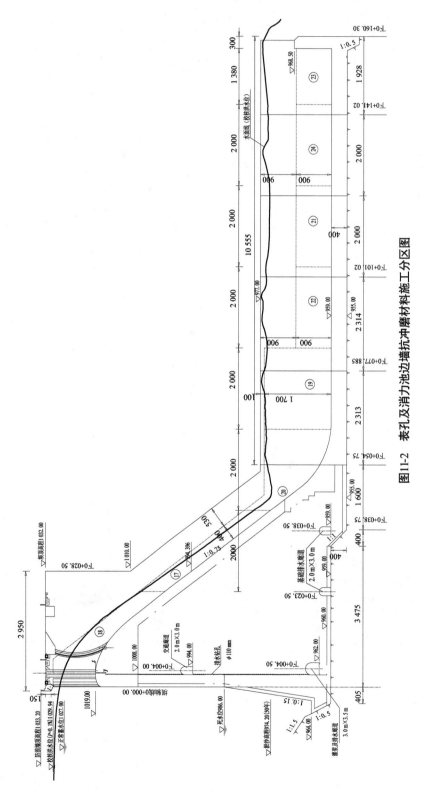

图11-2 表孔及消力池边墙抗冲磨材料施工分区图

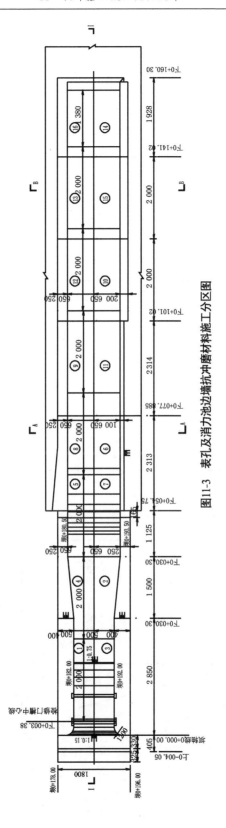

图11-3 表孔及消力池边墙抗冲磨材料施工分区图

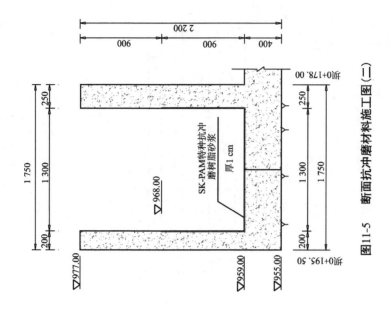

图11-5　断面抗冲磨材料施工图（二）

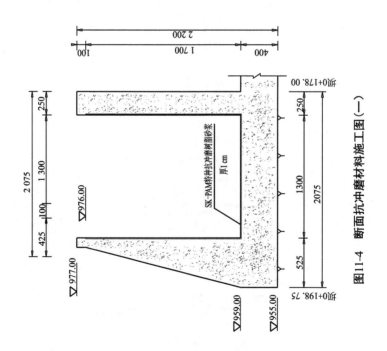

图11-4　断面抗冲磨材料施工图（一）

11.4   原设计有可能存在问题

(1)高强混凝土水泥掺量大,水化热高,在温度应力作用下极易产生裂缝,高速水流的脉动压力通过裂缝将消力池底板掀起破坏,这样的工程事故很多。

(2)高强混凝土施工不便,底板结构混凝土一般为 C25,而高强混凝土标号一般为 C40 或超过 C40,两种混凝土弹模相差较大,且施工过程需要分仓浇筑,尤其是立面,施工极不方便。

枢纽导流采用河床分期导流,上、下游围堰形成之后,采用坝体导流底孔过流方式。导流底孔设计采用 50 cm 厚的 C40 抗冲磨混凝土,基底结构混凝土为 C25 二级配常态混凝土。在导流底孔施工完成,拆模后发现,导流底孔边墙出现二十几条裂缝,底板也出现一条几乎贯穿坝段的裂缝。后期花费了大量人力、物力及财力进行处理。

因此,有必要对抗冲磨设计进行优化。

SK-PAM 特种抗冲磨树脂砂浆是中国水科院结构材料所以新型柔性氨基树脂、特种固化剂为胶结材料,添加特种抗冲磨填料混合配制研发而成的特种高韧性抗冲磨树脂砂浆,其具有优异的柔韧性和抗冲磨能力,胶结体系完全不同于传统的环氧砂浆和聚合物砂浆,是一种新型胶结材料体系的抗冲磨防护砂浆。

根据数值模拟计算和水工模型试验的结果,确定流速大于 15 m/s 的区域涂刷抗冲磨材料,具体位置如图 11-2 ~图 11-5 所示。从抗冲耐磨效果、施工便利、工程质量与安全及工程投资方面来看,采用 SK-PAM 特种抗冲磨树脂砂浆代替 C40 抗冲磨混凝土,效果良好,建议将原设计 C40 抗冲磨混凝土优化为采用 SK-PAM 特种抗冲磨树脂砂浆,厚度底板采用 1 cm,边墙部位采用 0.8 cm。

11.5   数值模拟计算

11.5.1   工程概况

本工程为碾压混凝土重力坝,主要由拦河坝(碾压混凝土重力坝)、泄水建筑物(表孔和底孔坝段)、放水兼发电引水建筑物(放水兼发电引水坝段)、坝后式电站厂房和过鱼建筑物等组成,拦河坝最大坝高 75.5 m,从左岸至右岸布置 1# ~21# 共 21 个坝段,坝顶总长 372.0 m。挡水建筑物混凝土重力坝的设计洪水重现期为 100 年一遇,校核洪水重现期为 1 000 年一遇。泄水建筑物消能防冲设计洪水标准取 50 年一遇。水电站厂房设计洪水标准取 50 年一遇,校核洪水标准取 200 年一遇。

计算工况:1 000 年一遇下泄流量为 1 056 m³/s。

11.5.2   控制方程及其解

11.5.2.1   **基本控制方程**

(1)连续性方程:

$$\frac{\partial U_i}{\partial X_i} = 0 \qquad (11\text{-}1)$$

（2）动量方程：

$$\frac{\partial U_i}{\partial t} + U_j \frac{\partial U_i}{\partial X_j} = -\frac{1}{p}\frac{\partial P}{\partial X_j}\left(v\frac{\partial U_i}{\partial X_j} - \overline{u_i u_j}\right) + \frac{1}{\rho}F_i \qquad (11\text{-}2)$$

（3）k 方程：

$$\frac{\partial k}{\partial t} + U_j \frac{\partial k}{\partial X_j} = \frac{\partial}{\partial X_j}\left[\left(v + \frac{v_t}{\sigma_k}\right) \cdot \frac{\partial k}{\partial X_j}\right] + G - \varepsilon \qquad (11\text{-}3)$$

（4）ε 方程：

$$\frac{\partial \varepsilon}{\partial t} + U_j \frac{\partial \varepsilon}{\partial X_j} = \frac{\partial}{\partial X_j}\left[\left(v + \frac{v_t}{\sigma_\varepsilon}\right) \cdot \frac{\partial \varepsilon}{\partial X_j}\right] + C_{1\varepsilon}\frac{\varepsilon}{k}G - C_{2\varepsilon}\frac{\varepsilon^2}{k} \qquad (11\text{-}4)$$

式中　$-\overline{u_i u_j} = v_t\left(\dfrac{\partial U_i}{\partial X_i} + \dfrac{\partial U_j}{\partial X_i}\right) - \dfrac{2}{3}k\delta_{ij}$，$\delta_{ij}$ 是 Kronecker 符号，当 $i = j$ 时，$\delta_{ij} = 1$；当 $i \ne j$ 时，$\delta_{ij} = 0$；

G——剪切产生项，表达式为 $G = v_t\left(\dfrac{\partial U_i}{\partial X_j} + \dfrac{\partial U_i}{\partial X_i}\right)\dfrac{\partial U_i}{\partial X_j}$；

ρ——流体密度；

P——压力；

t——时间；

U_i——i 方向的速度分量；

F_i——作用于单位质量水体的体积力；

$k = \overline{u_i' u_j'}/2$——单位质量紊动动能；

ε——紊动动能耗散率；

v——运动黏性系数；

v_t——紊流运动黏性系数，它由紊流动能 k 及紊流动能耗散率 ε 确定，$v_t = C_\mu \dfrac{k^2}{\varepsilon}$；

C_μ、$C_{1\varepsilon}$、$C_{2\varepsilon}$、σ_k、σ_ε——模型通用常数，分别取为 0.09、1.44、1.92、1.0、1.3。

11.5.2.2　数值计算方法

VOF（The Volume of Fluid）法是求解不可压缩、黏性、瞬变和具有自由面流动的一种数值方法，适用于两种或多种互不穿透流体间界面的跟踪计算。对每一相引入体积分数变量 α_q，通过求解每一控制单元内体积分数值确定相间界面。设某一控制单元内第 q 相体积分数为 $\alpha_q(0 \le \alpha_q \le 1)$。则当 $\alpha_q = 0$ 时，控制单元内无第 q 相流体；$\alpha_q = 1$ 时，控制单元内充满第 q 相流体；$0 < \alpha_q < 1$ 时，控制单元包含相界面。在每个控制单元内各相体积分数之和等于 1，即

$$\sum_{q=1}^{n} \alpha_q = 1 \qquad (11\text{-}5)$$

α_q 应满足以下方程：

$$\frac{\partial \alpha_q}{\partial t} + U_i \frac{\partial \alpha_q}{\partial X_i} = 0 \qquad (11\text{-}6)$$

计算中所有控制单元表面体积通量的计算采用隐式差分格式,即

$$\frac{\alpha_q^{n+1}-\alpha_q^n}{\Delta t}V+\sum_{\text{f}}(U_f^{n+1}\alpha_{q,f}^{n+1})=0 \tag{11-7}$$

式中　$n+1$——当前时间步指示因子;

　　　n——前一时间步指示因子;

　　　$\alpha_{q,f}$——单元表面第 q 相体积分数计算值;

　　　V——控制单元体积;

　　　U_f——控制单元表面体积通量。

模型求解采用有限差分法,离散格式采用二阶迎风格式,压力-速度耦合采用压力校正法,时间差分采用全隐格式。

11.5.3　边界条件和网格划分

建立二维计算模型,以坝轴线沿上游取 100 m 为入流边界,设定水位按静水压强给出;以海漫沿下游取 100 m 为出流边界;固壁边界采用无滑移条件;水面为自由液面。

计算区域采用矩形网格,堰顶附近网格尺寸 0.3 m,其余部位网格尺寸 0.3~1 m 不等,网格总数约 56 万。计算网格如图 11-6 所示。

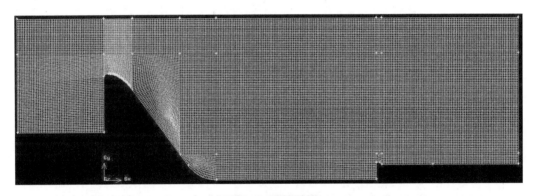

图 11-6　计算网格

11.5.4　计算结果

校核洪水位(上游水位 1 029.94 m,流量 1 056 m³/s)工况。

在正常蓄水位工况下,上游来流为 1 056 m³/s,库区水面平稳,水流经过溢流堰急速跌落,消力池内落点一定范围内水花四溅,掺气明显,在池内剧烈紊动翻滚形成水跃,如图 11-7 所示。

图 11-8 为消力池流速矢量图,其中上游库区水面平稳,表孔水流以 7.54 m/s 的流速平顺地进入溢流堰后急速下跌,由于边墩的绕流影响,在溢流堰内形成菱形波。水流在堰顶最大流速为 12.95 m/s,在边墩末端达到 24.16 m/s,跃前流速为 31.10 m/s。

图 11-9 为消力池流速矢量图,其中消力池底板的时均压强为 0.35~0.68 MPa。

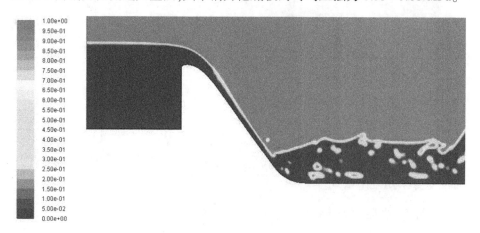

图 11-7 消力池流态图(上游水位 1 029.94 m,流量 1 056 m³/s)

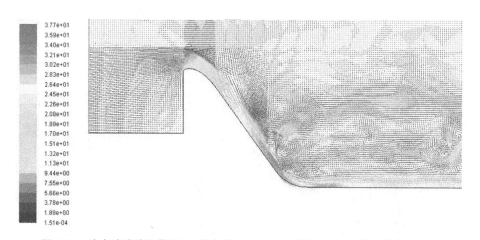

图 11-8 消力池流速矢量图(上游水位 1 029.94 m,流量 1 056 m³/s,单位:m/s)

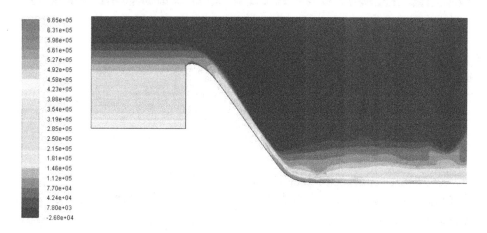

图 11-9 消力池时均压强图(上游水位 1 029.94 m,流量 1 056 m³/s,单位:Pa)

11.6 水工模型试验

11.6.1 试验目的及内容

11.6.1.1 试验目的

为确保工程的泄水建筑物安全可靠地运行,通过枢纽水工模型试验,实现以下试验目的:

(1)验证工程布置与设计的合理性;

(2)对工程布置与设计提出改进建议,并对设计修改与改进进行复核验证。

11.6.1.2 试验内容

首先对原设计方案进行试验观测和验证,然后进行方案优化、修改,进一步试验和验证。主要包括以下试验内容:

(1)测试表、底孔敞泄能力和表孔不同闸门开度情况下的泄流能力;

(2)测试表孔、底孔工况表中不同工况下的泄流能力、水面线、泄流流态;

(3)根据不同工况下表、底孔闸前水流流态,从而判断进口体形的合理性;

(4)观测表孔堰面水流流态和压力分布,判断其气蚀可能性,提出是否或如何改进;

(5)观测底孔各种工况孔中心线水面线和孔口四周的压力值,判断气蚀情况,提出是否或如何改进;

(6)观测消力池底面的压力分布,判断气蚀情况,提出是否或如何改进;

(7)观测不同泄洪工况消力池水流流态、流速分布及水面线,根据测试结果对消力池的池深、池长、尾坎体型进行修改优化试验,提出合理方案;

(8)观测不同泄洪工况时,下游河床冲刷范围及形态,提出合理的防护范围和措施;

(9)观测泄流时,消力池池底和边墙的时均压力和脉动压力;

(10)观测泄流时,对下游鱼道的影响,并提出合理方案;

(11)观测泄流时,水电站尾水渠内水位及其波动值,尾水渠内的流态、流速等情况;

(12)观测泄流时,水电站尾水渠导墙末端流速及导墙两侧的水位;

(13)提出不同泄量情况下各闸门合理的开启运用方式。

针对以上试验内容开展水工模型试验,试验工况见表 11-1。

表 11-1 试验工况表

上游水位 (m)	入库流量 (m³/s)	运行方式		发电流量 (m³/s)	下泄流量(m³/s)
		底孔	表孔		
986		全开	全关		
986		局开	全关		
986		局开	全关		47
1 005 *		局开	全关		15.2

续表 11-1

上游水位 （m）	入库流量 （m³/s）	运行方式		发电流量 （m³/s）	下泄流量（m³/s）
		底孔	表孔		
1 005 *		局开	全关		60.8
1 027（正常蓄水位）*		全关	全关	63.9	
1 027.88（20 年一遇洪水）*	516	全关	局开	63.9	395（按此流量控泄）
1 029.24（30 年一遇洪水）*	726	全关	局开	63.9	479（按此流量控泄）
1 028.24（50 年一遇洪水）	636	全开	局开	63.9	636
1 028.24（100 年一遇洪水）	726	全开	局开	63.9	726
1 028.24（200 年一遇洪水）	816	全开	局开	63.9	816
1 029.94（1000 年一遇洪水）	1 230	全开	全开		1 056

11.6.2 模型设计

11.6.2.1 模型比尺

根据任务书技术要求,结合试验供水条件及场地条件,确定模型为正态模型,几何比尺为 $\alpha_l = \alpha_h = 50$。水流运动主要作用力是重力,因此模型按重力相似准则设计,保持原型、模型佛汝德数相等。根据重力相似准则,相应的流量比尺、流速比尺、糙率比尺和时间比尺如下:

流量比尺: $\alpha_Q = \alpha_l^{5/2} = 17\ 677.67$；

流速比尺: $\alpha_v = \alpha_l^{1/2} = 7.07$；

糙率比尺: $\alpha_n = \alpha_l^{1/6} = 1.92$；

时间比尺: $\alpha_t = \alpha_l^{1/2} = 7.07$。

11.6.2.2 模型范围

考虑上、下游的水流相似,模型试验范围包括坝轴线上游 450.00 m 内的地形（高程模拟到 1 032.00 m）,下游 650.00 m 内的地形（高程模拟到 968.00 m）、宽度最宽为 600.00 m。该河段包含重力坝挡水坝段、表孔坝段、底孔坝段和电站坝段等建筑物。模型布置如图 11-10 所示。

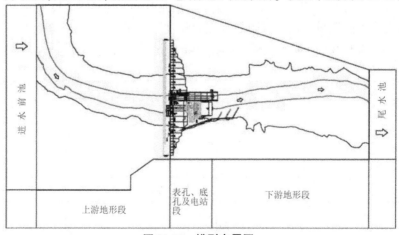

图 11-10　模型布置图

上游水位测点位置:坝上游 L0-150.00;

下游水位测点位置:坝下游 L0+225.00。

11.6.2.3 模型制作

电站及表孔、底孔和消力池段等建筑物均采用有机玻璃制作,几何精度为 0.2 mm;上、下游地形(定床)采用高程控制法定点,用水泥砂浆抹面,几何精度控制在 2 mm 以内。

11.6.2.4 试验依据

模型制作及模型试验按《水工(常规)模型试验规程》(SL 155—2012)、《闸门水力模型试验规程》(SL 159—2012)等现行规程、规范进行,并满足质量管理体系要求。

11.6.2.5 测量方法及精度

流量采用电磁流量计量测,精度为±0.5%;水位采用固定测针、活动测针和水准仪量测,精度为±0.1 mm;水面线采用活动测针(水准仪)进行量测,精度为±0.3 mm;流速采用旋桨式流速仪量测,精度为 2%~3%。

11.6.2.6 质量保证体系

遵照 BIDR 按 GB/T 19001—2000 idt ISO9001:2 000《质量管理体系要求》建立的质量体系对模型设计、模型制作和模型试验进行过程控制和管理。

11.6.3 原设计方案试验成果

原设计方案消力池池长 80 m,底孔出口段后孔口宽度由 3 m 扩散到 7 m,其后接反弧段与消力池相接,表底孔共用一个消力池。消力池底板顶高程为 963 m,墙顶高程为 975 m,消力池底部总宽度为 23.5 m,尾坎顶高程 970 m,顶宽 2 m,上游坡比 1:2,下游为直立式,坎后设混凝土防冲板,顶高程为 969.0 m。试验表明,按 50 年一遇的洪水标准联合泄洪时,此布置方式下消力池存在如下问题:

(1)消能极不充分,水流出池流速为 10 m/s 左右。

(2)表孔、底孔单独泄洪时,水流侧向回流严重,池内水流流态极段紊乱,流态差。

(3)底孔单独泄洪时,水流流速过大,未在池中形成完整水跃,水流呈潜流抛射状出池。

(4)消力池中水位较高,水流时有翻过消力池边墙进入厂区。

11.6.4 优化设计方案试验成果及分析

优化后的设计方案为:表孔为开敞式溢流孔,采用 WES 实用堰堰型,堰顶高程为 1 019 m,表孔设置 1 孔,净宽为 10 m,边墩厚 4 m,下游导墙厚 2.5 m,在下游 0+28.5 处,表孔净宽由 10 m 扩宽为 13 m,后接反弧段与消力池相连。底孔采用弧形工作闸门的有压坝体泄水孔型式,孔口尺寸为 3.0 m×4.5 m,进口底坎高程取为 976.0 m。上游 4.5 m 范围内顶部采用约 1:3.5 的压坡,出口段后孔口宽度由 3 m 扩散到 10 m,消力池加深 2 m,消力池底板顶高程为 961 m;在原表底孔共用消力池中增加宽度为 2.5 m 的隔墙,使表孔、底孔消能单独消能,池长增加 10.5 m;增加消力池边墙高度,将墙顶高程由原来的 975.0 m 调整为 977.0 m。表、底孔池首位置相距 14.55 m。尾坎顶高程 970 m,顶宽 2 m,上游为直立式,下游坡比 1:1,坎后设混凝土防冲板,顶高程为 967.5 m。

11.6.4.1 表孔泄流能力试验

泄流能力根据《规范》SL 319—2005 附录 A.3 公式计算：

$$Q = cm\varepsilon\sigma_s B\sqrt{2g}H_w^{\frac{3}{2}} = MB\sqrt{2g}H_w^{\frac{3}{2}} \tag{11-8}$$

式中　Q——流量，m^3/s；

B——溢流堰总宽度；

H_w——计入行进流速的堰上总水头，m；

g——重力加速度，$g = 9.81\ m/s^2$；

m——实用堰流量系数；

c——上游堰坡影响系数；

ε——侧收缩系数；

σ_s——淹没系数；

M——综合流量系数。

1.敞泄运行

试验对表孔敞泄时的过流能力进行观测，即控制下游水位对不同流量进行试验，得出敞泄工况下表孔上游水位与流量关系。试验数据见表 11-2，表孔上游水位与流量之间的关系曲线如图 11-11 所示。

表 11-2　　　　　　　　表孔敞泄试验数据表

流量 Q(m^3/s)	53.56	144.51	361.69	539.17	707.11	890.95
上游水位 H(m) 桩号(L0−150)	1 020.995	1 022.855	1 025.870	1 027.805	1 029.390	1 030.915

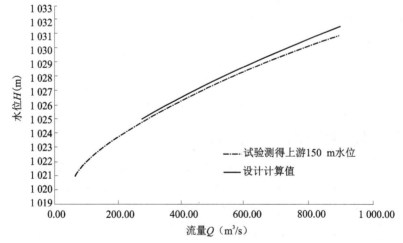

图 11-11　表孔上游水位与流量关系曲线

从图 11-11 可以看出，当上游水位为设计水位（$H = 1\ 028.24\ m$）时，实测下泄流量为 583.26 m^3/s，比设计计算值 550.4 m^3/s 大 5.97%，计算的综合流量系数为0.469；当上游水位为校核水位（$H = 1\ 029.94\ m$）时，实测下泄流量为 771.00 m^3/s，比设计计算值 721.4 m^3/s 大 19.15%，按公式计算的综合流量系数为 0.481。说明表孔的设计规模满足泄量要求。

2.控泄运行

试验分别对表孔闸门开度为 $e=1$ m、$e=2$ m、$e=3$ m、$e=4$ m、$e=5$ m 和 $e=6$ m 的上游水位和流量关系进行了观测。表孔控泄试验数据见表 11-3,不同闸门开度控泄上游水位与流量关系曲线如图 11-12 所示。闸门控泄时的泄流能力关系曲线可供管理部门在闸门运用时参考。

表孔闸门控泄时,上游库区水面较平稳。当闸门开度小于 3 m 时,闸前水面比较平静,检修门槽里没有明显的漩涡产生;当闸门开度为 4~6 m 时,随着闸门开度的增大,流量的增加以使闸前过流断面流速增大,因受到弧形闸门的阻挡作用,闸前约 5 m 范围内的水流产生震荡,且检修门槽位置产生漩涡,开度越大,漩涡越明显。上游水位分别为正常蓄水位 1 027 m 和设计水位 1 028.24 m 时,表孔闸门开度与流量的关系曲线如图 11-13 所示。

表 11-3 表孔控泄试验数据表

$e=1$ m	流量 Q(m³/s)	66.82	77.16	89.98	98.91	123.92
	上游水位 H(m)	1 021.87	1 023.19	1 024.72	1 025.90	1 030.24
$e=2$ m	流量 Q(m³/s)	140.71	149.20	173.15	199.00	230.87
	上游水位 H(m)	1 023.60	1 024.15	1 025.82	1 028.00	1 030.86
$e=3$ m	流量 Q(m³/s)	229.63	235.20	265.70	299.28	334.28
	上游水位 H(m)	1 025.23	1 025.60	1 027.16	1 028.94	1 030.98
$e=4$ m	流量 Q(m³/s)	324.56	345.60	389.26	407.50	423.56
	上游水位 H(m)	1 026.53	1 027.36	1 029.47	1 030.20	1 030.86
$e=5$ m	流量 Q(m³/s)	441.94	457.76	492.85	516.55	609.88
	上游水位 H(m)	1 028.09	1 028.72	1 030.11	1 030.50	1 031.78
$e=6$ m	流量 Q(m³/s)	558.97	574.91	585.13	602.00	615.98
	上游水位 H(m)	1 029.31	1 029.80	1 030.14	1 030.70	1 031.17

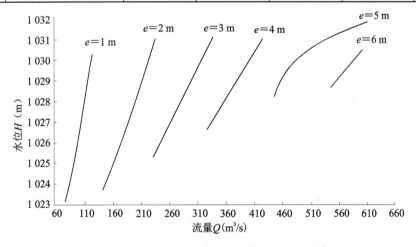

图 11-12 表孔控泄时上游水位与流量关系曲线

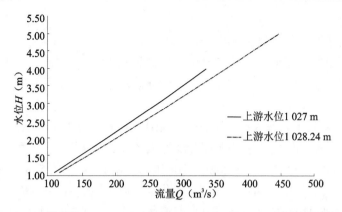

图 11-13　上游水位 **1 027 m** 和 **1 028.24 m** 时表孔闸门开度与流量关系曲线

11.6.4.2　底孔泄流能力试验

底孔泄流能力计算公式如下：

$$Q = \sigma_s \mu e B \sqrt{2gH_0} \tag{11-9}$$

式中　Q——流量，m^3/s；

　　　　B——孔口宽度；

　　　　H_0——计入行进流速的闸前水头，m；

　　　　g——重力加速度，$g = 9.81 \ \text{m}/\text{s}^2$；

　　　　σ_s——淹没系数；

　　　　μ——闸孔流量系数。

通过多组试验，得出底孔敞泄运行时上游水位与流量关系曲线，如图 11-14 所示，底孔实验数据见表 11-14。

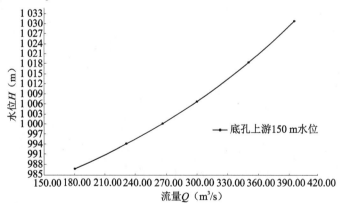

图 11-14　底孔上游水位与流量关系曲线

表 11-14　　　　　　　　　　　底孔敞泄试验数据表

流量 $Q(\text{m}^3/\text{s})$	181.37	230.69	266.05	299.81	350.99	395.80
上游水位 $H(\text{m})$（桩号 0-150）	986.425	994.165	1 000.445	1 006.795	1 018.235	1 030.690

从图 11-14 可以看出,当上游水位为设计水位($H=1\,028.24$ m)时,实测下泄流量为 387.50 m³/s,比设计计算值 329.68 m³/s 大 17.54%,按公式计算的闸孔流量系数为 0.721;当上游水位为校核水位($H=1\,029.94$ m)时,实测下泄流量为 393.20 m³/s,比设计计算值 334.78 m³/s 大 17.45%,按公式计算的闸孔流量系数为 0.719。说明表孔的设计规模满足泄量要求。

11.6.4.3　不同试验工况下水流流态、流速分布及水面线

本组试验分别观测了下泄流量为 20 年一遇洪水、30 年一遇洪水、50 年一遇洪水、100 年一遇洪水、200 年一遇洪水及 1 000 年一遇洪水时的流态、流速分布及水面线。

1.20 年一遇洪水工况

20 年一遇洪水工况时,下泄流量 395 m³/s,上游水位 1 027.88 m,此时底孔关闭,表孔控泄,闸门开度为 3.77 m,电站发电流量 63.9 m³/s。

上游库区水面平稳,水流在闸门前产生轻微震荡,检修门槽有小漩涡产生,堰顶左侧水流底流速最大为 7.01 m/s,水流经溢流堰迅速跌落,在边墩末端达到 27.92 m/s,在表孔消力池前约 5.45 m 位置形成淹没式水跃,跃前流速为 32.03 m/s。水流进消力池一定范围内水花四溅,掺气明显,在池内紊动较剧烈,水跃在入池后约 42.05 m 位置完成,水流平顺地流出消力池。消力坎上最大表流速为 5.91 m/s,最大底流速为 7.88 m/s。出池水流有一定的跌落,在消力坎后约 12.5 m 处跌落急流速度最大为 9.75 m/s。水流出池后沿主河槽方向流向下游,防冲板末端断面最大流速为 7.04 m/s,鱼道末端断面最大流速为 7.42 m/s,下游 300 m 断面最大流速为 4.79 m/s。鱼道进口处水位波动值约为 10 cm,电站尾水渠末端水位波动值约为 10 cm。20 年一遇洪水入池和出池水流流态如图 11-15、图 11-16 所示,流速分布及水面线如图 11-34 所示。

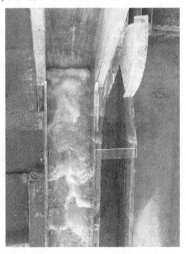

图 11-15　20 年一遇洪水入池水流流态　　　　图 11-16　20 年一遇洪水出池水流流态

2.30 年一遇洪水工况

30 年一遇洪水工况时,下泄流量 479 m³/s,上游水位 1 028.24 m,此时底孔关闭,表孔控泄,闸门开度为 4.43 m,电站发电流量 63.9 m³/s。

上游库区水面平稳,水流在闸前产生震荡,同时伴有漩涡产生。水流以 7.77 m/s 的流速进入溢流堰迅速跌落,在边墩末端达到 22.56 m/s,在表孔消力池前约 2.95 m 位置形成淹没式水跃,跃前流速为 35.39 m/s。随着流量的增大,水流进入消力池水花四溅,掺气更加明显,池内紊动更加剧烈。水流入池后约 44.55 m 位置完成水跃平顺地流出消力池。消力坎上最大表流速为 5.85 m/s,最大底流速为 8.99 m/s。水流出池有一定的跌落,在消力坎后约 10 m 处跌落急流速度最大为 9.61 m/s。防冲板末端断面最大流速为 7.82 m/s,鱼道末端断面最大流速为 7.28 m/s,下游 0+300 断面最大流速为 4.75 m/s。鱼道进水口处水位波动值约为 15 cm,电站尾水渠末端水位波动值约为 15 cm。30 年一遇洪水入池和出池水流流态如图 11-17、图 11-18 所示,流速分布及水面线如图 11-35 所示。

图 11-17　30 年一遇洪水入池水流流态　　　图 11-18　30 年一遇洪水出池水流流态

3.50 年一遇洪水工况

50 年一遇洪水工况时,下泄流量 636 m³/s,上游水位 1 028.24 m,此时底孔敞泄流量 387.50 m³/s,表孔控泄,闸门开度为 2 m,电站发电流量 63.9 m³/s。

上游库区水面平稳,表孔水流以 3.90 m/s 的流速进入溢流堰迅速跌落,在边墩末端达到 26.87 m/s,在表孔消力池前约 7.95 m 位置形成淹没式水跃,跃前流速为 30.65 m/s。底孔孔口位置水流流速为 29.47 m/s,在底孔消力池前约 12.50 m 位置形成水跃进入消力池,底孔跃首位置相较于表孔跃首位置更靠向下游,二者相距约 10 m。水流在底孔消力池内紊动更加剧烈,掺气更加明显,水流时而越边墙外翻溢出。表孔水流进入消力池后约 20 m 位置完成水跃流出消力池,底孔水流进入消力池后约 45 m 位置完成水跃流出消力池。表孔消力坎上最大表流速为 5.07 m/s,最大底流速为 6.63 m/s,底孔消力坎上最大表流速为 6.37 m/s,最大底流速为 9.12 m/s。水流出池有一定的跌落,表孔消力坎后约 4 m 处跌落急流速度最大为 1.30 m/s,底孔消力坎后约 10 m 处跌落急流速度最大为 8.43 m/s。防冲板末端断面最大流速为 7.46 m/s,鱼道末端断面最大流速为 7.21 m/s,下游 0+300 断面最大流速为 4.97 m/s,水流在靠近边坡位置局部区域产生小范围回流。鱼道进水口处水位波动值约为 15 cm,电站尾水渠末端水位波动值约为 10 cm。50 年一遇洪水表、底孔入池和出池水流流态如图 11-19、图 11-20 所示,流速分布和水面线如图 11-36 所示。

图 11-19 50 年一遇洪水入池水流流态　　　图 11-20 50 年一遇洪水出池水流流态

4.100 年一遇洪水工况

100 年一遇洪水工况时,下泄流量 726 m³/s,上游水位 1 028.24 m,此时底孔敞泄,表孔控泄,闸门开度为 2.90 m,电站发电流量 63.9 m³/s。

上游库区水面平稳,表孔水流在检修门槽内产生漩涡,以 3.30 m/s 的流速进入溢流堰迅速跌落,在边墩末端达到 26.87 m/s,在表孔消力池前约 5.45 m 位置形成淹没式水跃,跃前流速为 35.11 m/s。底孔孔口位置水流流速为 29.02 m/s,在底孔消力池前约 12.5 m 位置形成水跃进入消力池,底孔跃首位置更靠向下游。随着流量的加大,水流在底孔消力池内翻滚更加剧烈,水花四溅,不时有水流翻越边墙溢出,出池水流亦有掺气。表孔水流进入消力池后约 23 m 位置完成水跃流出消力池,底孔水流进入消力池后约 47.5 m 位置完成水跃流出消力池。表孔消力坎上最大表流速为 5.56 m/s,最大底流速为 7.20 m/s,底孔消力坎上最大表流速为 6.44 m/s,最大底流速为 9.22 m/s。表孔消力坎后约 5 m 处跌落急流速度最大为 3.07 m/s,底孔消力坎后约 9 m 处跌落急流速度最大为 8.26 m/s。防冲板末端断面最大流速为 7.87 m/s,鱼道末端断面最大流速为 7.12 m/s,下游 0+300 断面最大流速为 5.11 m/s,鱼道进水口处水位波动值约为 20 cm,电站尾水渠末端水位波动值约为 15 cm。100 年一遇洪水表、底孔及消力池内水流流态如图 11-21 所示,流速分布和水面线如图 11-37 所示。

图 11-21 100 年一遇洪水表、底孔及消力池内水流流态

5.200 年一遇洪水工况

200 年一遇洪水工况时,下泄流量 816 m^3/s,上游水位 1 028.24 m,此时底孔敞泄,表孔控泄,闸门开度为 4.15 m,电站发电流量 63.9 m^3/s。

上游库区水面平稳,闸门前水面震荡,表孔水流在检修门槽内产生漩涡,以 4.22 m/s 的流速进入溢流堰迅速跌落,在边墩末端达到 30.36 m/s,在表孔消力池前约 2.95 m 位置形成淹没式水跃,跃前流速为 39.17 m/s。底孔孔口位置水流流速为 29.63 m/s,在底孔消力池前约 10 m 位置形成水跃进入消力池,底孔跃首位置更靠向下游。随着流量的加大,水流在消力池内翻滚剧烈,水流表面上下起伏波动,水花四溅,水流翻越边墙溢出,出池水流掺气亦明显。表孔消力坎上最大表流速为 6.36 m/s,最大底流速为 8.15 m/s,底孔消力坎上最大表流速为 6.83 m/s,最大底流速为 8.45 m/s。表孔消力坎后约 5 m 处跌落急流速度最大为 4.79 m/s,底孔消力坎后约 7.5 m 处跌落急流速度最大为 8.04 m/s。防冲板末端断面最大流速为 7.68 m/s,鱼道末端断面最大流速为 5.23 m/s,下游 0+300 断面最大流速为 5.25 m/s,鱼道进水口处水位波动值约为 20 cm,电站尾水渠末端水位波动值约为 15 cm。200 年一遇水流流态如图 11-22 所示,流速分布和水面线如图 11-38 所示。

图 11-22　200 年一遇洪水表、底孔及消力池内水流流态

6.1 000 年一遇洪水工况

1 000 年一遇洪水工况时,下泄流量 1 056 m^3/s,此时表、底孔均敞泄,电站关闭。实测上游水位 1 028.80 m。

上游库区水面平稳,表孔水流以 7.54 m/s 的流速平顺地进入溢流堰后急速下跌,由于边墩的绕流影响,在溢流堰内形成菱形波。水流在堰顶最大流速为 12.95 m/s,在边墩末端达到 24.16 m/s,在表孔消力池前约 4.55 m 位置形成水跃,跃前流速为 31.10 m/s。底孔孔口位置水流流速为 29.10 m/s,在底孔消力池前约 15 m 位置形成水跃进入消力池,此工况,表孔跃首围着相较于底孔跃首位置更靠向下游,二者相距约 5 m。随着流量的加大,水流在整个消力池内翻滚剧烈,水花四溅,翻越边墙溢出,出池水流掺气亦明显,尤其表孔水流出池时仍然剧烈紊动,建议加高边墙的高度。表孔消力坎上最大表流速为 8.07 m/s,最大底流速为 8.97 m/s;底孔消力坎上最大表流速为 6.96 m/s,最大底流速为 7.88 m/s。表、底孔水流出池后汇聚在一起,在消力坎后约 15 m 处跌落急流速度最大为 9.31

m/s。防冲板末端断面最大流速为 8.37 m/s,鱼道末端断面最大流速为 6.17 m/s,下游 0+300 断面最大流速为 4.92 m/s。此工况下鱼道进水口处水位波动值约为 35 cm,电站尾水渠末端水位波动值约为 15 cm。1 000 年一遇洪水表、底孔入池和出池流态如图 11-23、图 11-24 所示,流速分布及水面线如图 11-39 所示。

图 11-23　1 000 年洪水入池水流流态　　图 11-24　1 000 年洪水出池水流流态

11.6.4.4　时均压力测试

试验分别对表、底孔堰面,消力池的边墙和底板进行了时均压力测试。

1.表孔堰面时均压力

沿表孔中心线布设 8 个测点,具体位置如图 11-25 所示。对表孔堰面时均压力进行了以下 4 种试验工况:表孔控泄、底孔敞泄、电站发电、上游水位为 1 028.24 m 的前提下,分别下泄 50 年一遇洪水、100 年一遇洪水和 200 年一遇洪水;表、底孔均敞泄,电站关闭前提下,下泄 1 000 年一遇洪水。各工况测得表孔堰面的时均压力见表 11-5。

表 11-5　　　　　　　　　各工况表孔堰面时均压力

测点编号	测点高程（m）	各试验工况时均压力（kPa）			
		50 年一遇洪水（636 m³/s）	100 年一遇洪水（726 m³/s）	200 年一遇洪水（816 m³/s）	1 000 年一遇洪水（1 056 m³/s）
1	1 019.00	63.67	56.31	47.48	14.12
2	1 016.01	−5.11	−5.11	−5.11	0.28
3	1 008.00	−3.98	−4.47	2.39	7.30
4	998.00	2.88	5.33	7.79	14.16
5	988.00	2.08	4.38	6.94	12.57
6	978.00	1.41	3.37	5.83	11.22
7	968.06	43.00	45.94	45.94	35.15
8	962.56	98.87	96.91	92.49	110.16

由表 11-5 可以看出,表孔控泄运行时,2#测点均产生负压。50 年一遇洪水和 100 年一遇洪水时,3#测点也产生负压。各试验工况下,正压最大值均发生在 8#测点位置,最大为 110.16 kPa。负压最大值均发生在 2#测点,随着闸门开度的增大,流量的增加,堰顶 1#测点的时均压力逐渐减小。

2.底孔堰面时均压力

底孔共布设 12 个测点,堰面沿底孔中心线布设 9 个测点,孔口四周边墙和顶部布设 3 个测点,具体位置如图 11-26 所示。对底孔堰面时均压力测试进行的试验工况与表孔相同,各工况的试验成果见表 11-26。

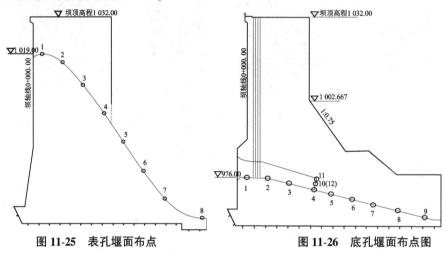

图 11-25 表孔堰面布点   图 11-26 底孔堰面布点图

表 11-6　　　　　　　　　　各工况底孔堰面时均压力

测点编号	测点高程(m)	各试验工况时均压力(kPa)			
		50 年一遇洪水(636 m³/s)	100 年一遇洪水(726 m³/s)	200 年一遇洪水(816 m³/s)	1 000 年一遇洪水(1 056 m³/s)
1	976.00	92.11	288.32	288.32	294.69
2	975.75	123.53	124.02	125.49	126.47
3	974.00	93.59	93.57	94.08	95.06
4	971.78	57.51	57.51	57.51	57.51
5	970.25	30.31	28.35	29.82	28.84
6	968.38	28.10	28.11	28.11	28.11
7	966.50	29.82	34.73	29.33	30.80
8	964.30	33.76	37.68	34.25	36.21
9	961.88	103.15	111.00	109.53	119.34

由表 11-6 可以看出,各试验工况下,底孔堰面时均压力均为正值,最大值均发生在 1#测点,且随着流量的增加,压力值逐渐增大。试验测得,孔口四周顶部压力为 16.95 kPa,

边墙压力为 40.87 kPa,也均为正值。

3.消力池边墙和底板时均压力

表、底孔消力池边墙布设测点位置相对一致,均距池底 5 m 位置布设一排 9 个测点,以底孔消力池为例说明消力池边墙布点位置,如图 11-27 所示。表孔消力池底板沿中心线布设 9 个测点,底孔消力池底板也沿中心线布设 9 个测点,具体位置如图 11-28 所示。各试验工况下测得边墙时均压力成果见表 11-7,底板时均压力成果见表 11-8。

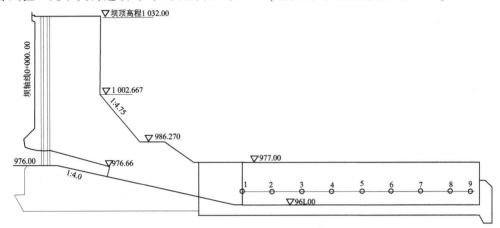

图 11-27　消力池边墙布点图

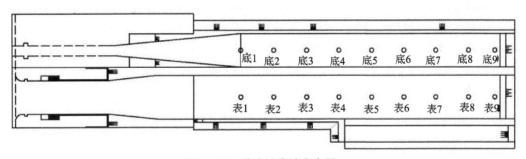

图 11-28　消力池底孔布点图

表 11-7　　　　　　　　　　各工况消力池边墙时均压力

部位	测点编号	测点高程（m）	各试验工况时均压力（kPa）			
			50 年一遇洪水（636 m³/s）	100 年一遇洪水（726 m³/s）	200 年一遇洪水（816 m³/s）	1 000 年一遇洪水（1 056 m³/s）
表孔	1	966.00	55.10	52.85	46.65	13.35
	2	966.00	61.25	61.60	64.25	17.35
	3	966.00	76.35	77.65	80.36	38.26
	4	966.00	81.57	90.30	92.75	58.13
	5	966.00	79.83	89.25	95.25	69.15

续表 11-7

部位	测点编号	测点高程（m）	各试验工况时均压力（kPa）			
			50 年一遇洪水（636 m³/s）	100 年一遇洪水（726 m³/s）	200 年一遇洪水（816 m³/s）	1 000 年一遇洪水（1 056 m³/s）
表孔	6	966.00	92.25	90.35	98.65	89.88
	7	966.00	79.85	89.88	97.87	99.64
	8	966.00	79.50	90.12	98.64	106.70
底孔	1	966.00	15.70	14.05	14.95	19.65
	2	966.00	25.12	27.25	29.15	37.25
	3	966.00	50.25	53.16	54.15	62.15
	4	966.00	58.55	65.70	66.34	72.24
	5	966.00	83.95	86.38	85.87	91.15
	6	966.00	97.56	94.85	100.25	102.28
	7	966.00	103.25	104.15	104.56	107.25
	8	966.00	103.64	103.65	104.10	108.00

由表 11-7 可以看出,消力池边墙的时均压力均为正值,1 000 年一遇洪水工况时,表孔和底孔边墙时均压力均达到最大,均发生在 8# 测点位置。表孔边墙时均压力最大为 106.70 kPa,底孔边墙时均压力最大为 108.00 kPa。由表 11-8 可以看出,消力池底板时均压力也均为正值,且顺水流方向逐渐增大,最大值约为 154.90 kPa,发生在底孔消力坎前。

表 11-8 　　　　　　　　　　　　　各工况消力池底板时均压力

部位	测点编号	测点高程（m）	各试验工况时均压力（kPa）			
			50 年一遇洪水（636 m³/s）	100 年一遇洪水（726 m³/s）	200 年一遇洪水（816 m³/s）	1 000 年一遇洪水（1 056 m³/s）
表孔	1	961.00	99.57	101.2	97.65	63.85
	2	961.00	103.24	106.98	107.83	67.75
	3	961.00	117.62	119.09	116.64	74.95
	4	961.00	122.53	129.88	128.41	77.40
	5	961.00	124.49	132.34	133.32	99.47
	6	961.00	125.47	135.27	142.15	136.26
	7	961.00	126.45	136.26	143.62	143.62
	8	961.00	122.04	132.34	139.69	144.11
	9	961.00	126.45	136.75	145.09	153.73

续表 11-8

部位	测点编号	测点高程（m）	各试验工况时均压力（kPa）			
			50 年一遇洪水（636 m³/s）	100 年一遇洪水（726 m³/s）	200 年一遇洪水（816 m³/s）	1 000 年一遇洪水（1 056 m³/s）
底孔	1	961.00	97.51	97.51	98.00	108.30
	2	961.00	73.97	75.93	74.95	82.31
	3	961.00	90.1	94.1	92.95	105.2
	4	961.00	109.28	110.26	109.28	116.64
	5	961.00	125.96	126.45	125.47	136.26
	6	961.00	141.16	141.16	138.71	145.09
	7	961.00	149.35	149.31	149.35	152.45
	8	961.00	152.30	151.72	151.30	154.82
	9	961.00	150.49	150.49	150.97	154.90

4.脉动压力测试

底孔消力池脉动压力测点位置与时均压力测点位置相同,消力池边墙和底板分别各测 8 个测点;表孔消力池边墙和底板脉动压力测点布置见图 11-29。试验分别对 50 年一遇洪水工况、100 年一遇洪水工况、200 年一遇洪水工况和 1 000 年一遇洪水工况下消力池边墙和底板的脉动压力进行测试,表孔消力池边墙和底板脉压测试成果见表 11-9,底孔消力池边墙和底板脉压测试成果见表 11-10。各试验工况下,表孔消力池边墙和底板脉压均方根沿程分布规律如图 11-30、图 11-31 所示,底孔消力池边墙和底板脉压均方根沿程分布规律如图 11-32、图 11-33 所示。

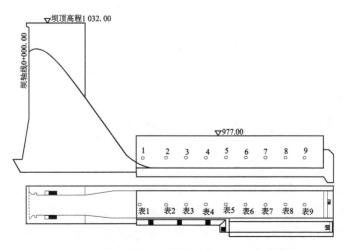

图 11-29　表孔消力池边墙和底板脉压测点布置图

表 11-9　　　　　　　　　　表孔消力池各试验工况脉动压力

部位	测点编号	各试验工况脉动值(kPa)							
		50 年一遇洪水(636 m³/s)		100 年一遇洪水(726 m³/s)		200 年一遇洪水(816 m³/s)		1 000 年一遇洪水(1 056 m³/s)	
		最大值	均方根	最大值	均方根	最大值	均方根	最大值	均方根
边墙	1	20.16	6.95	36.95	12.55	60.22	18.25	—	—
	2	24.90	8.55	53.80	16.70	79.35	28.05	15.15	2.70
	3	22.30	7.60	37.00	13.20	73.95	22.35	13.75	12.45
	4	17.35	5.15	31.60	10.45	44.05	15.10	79.65	27.40
	5	13.50	3.55	22.65	7.30	35.35	10.55	83.40	30.35
	6	3.10	0.95	7.00	2.55	9.55	3.40	73.80	24.45
	7	2.40	0.70	5.35	1.85	7.25	2.50	59.90	20.75
	8	1.45	0.30	3.45	0.75	6.70	1.35	42.85	14.05
	9	0.95	0.15	2.50	0.50	3.65	0.95	25.85	7.45
底板	1	36.96	11.2	59.47	15.65	50.15	18.00	9.21	2.75
	2	52.40	14.35	74.35	22.65	106.70	32.65	55.05	14.55
	3	27.10	8.20	46.55	12.25	54.05	19.40	75.50	22.55
	4	12.50	3.50	21.30	6.15	42.90	12.30	134.05	31.35
	5	8.20	1.70	8.50	2.80	16.90	6.35	100.70	26.75
	6	7.10	1.55	4.95	2.00	9.30	3.60	80.65	24.85
	7	14.65	5.35	4.35	1.30	7.40	2.30	66.25	21.35
	8	17.70	2.85	4.10	1.20	5.95	1.75	41.00	14.75
	9	42.10	4.55	5.00	1.50	8.45	2.35	34.55	9.70

由表 11-9、图 11-30 和图 11-31 可以看出,表孔消力池边墙和底板的脉动压力均先增大而后沿程逐渐减小。50 年一遇洪水工况、100 年一遇洪水工况和 200 年一遇洪水工况时,边墙和底板脉动压力最大值均发生在 2# 测点位置,因为此 3 种工况下表孔泄流均为控泄,水流在消力池内形成淹没式水跃,2# 测点位置水流紊动最剧烈;1 000 年一遇洪水工况,表孔敞泄,水跃位置推后,水流在 4# 测点位置紊动最剧烈。1 000 年一遇洪水工况下,边墙脉压均方根值达到最大为 30.35 kPa,相当于 3.04 m 水柱高度;200 年一遇洪水工况下,底板脉压均方根值达到最大为 32.65 kPa,相当于 3.27 m 水柱高度。

表 11-10   底孔消力池各试验工况脉动压力

部位	测点编号	各试验工况脉动值(kPa)							
		50 年一遇洪水（636 m³/s）		100 年一遇洪水（726 m³/s）		200 年一遇洪水（816 m³/s）		1 000 年一遇洪水（1 056 m³/s）	
		最大值	均方根	最大值	均方根	最大值	均方根	最大值	均方根
边墙	1	15.00	2.45	28.65	3.90	25.25	4.85	58.95	13.70
	2	82.45	23.40	79.45	23.40	89.20	25.95	98.80	29.05
	3	96.90	30.90	101.70	31.30	90.35	32.20	96.50	29.65
	4	56.45	18.95	50.30	16.85	57.00	18.50	52.05	15.55
	5	24.40	10.60	33.30	10.10	27.75	9.65	26.45	9.95
	6	14.95	4.35	16.70	4.40	12.90	4.00	12.25	3.90
	7	17.85	4.10	14.30	3.75	11.10	3.55	15.05	3.00
	8	8.75	3.20	17.15	3.35	8.85	2.80	6.10	2.15
底板	1	177.30	44.30	183.00	48.60	188.25	48.65	259.50	56.20
	2	209.80	57.40	198.25	58.20	200.20	56.60	172.90	50.2
	3	94.05	32.05	98.90	31.95	96.65	31.00	84.05	28.2
	4	46.60	16.90	53.40	15.20	50.15	15.30	46.70	14.35
	5	33.35	9.55	26.90	9.20	28.80	9.40	27.20	8.40
	6	16.30	5.20	15.75	5.55	13.40	4.20	16.10	5.80
	7	22.00	4.45	21.90	4.20	27.15	4.95	36.55	6.10
	8	8.05	3.10	7.55	2.60	6.55	2.65	7.50	2.50

由表 11-10、图 11-32 和图 11-33 可以看出，各试验工况下，底孔消力池边墙的脉动压力均先增大而后沿程逐渐减小，最大值基本发生在 3# 测点位置。底板脉动压力前 3 种工况也符合先增大后减小的趋势，最大值基本发生在 2# 测点位置；1 000 年一遇洪水时，最大值发生在 1# 测点位置。200 年一遇洪水工况下，边墙脉压均方根值达到最大为 32.20

kPa,相当于 3.22 m 水柱高度;100 年一遇洪水工况下,底板脉压均方根值达到最大为 58.2 kPa,相当于 5.82 m 水柱高度。

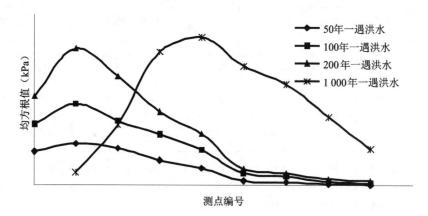

图 11-30　表孔消力池边墙脉压均方根值沿程分布图

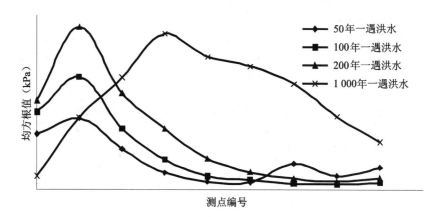

图 11-31　表孔消力池底板脉压均方根值沿程分布图

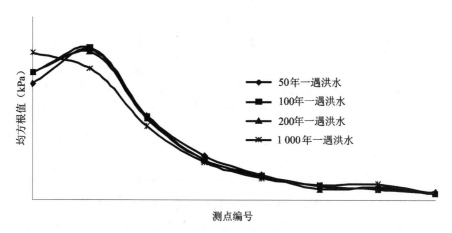

图 11-32　底孔消力池边墙脉压均方根值沿程分布图

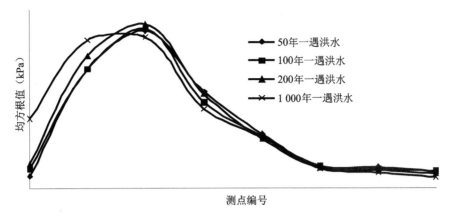

图 11-33 底孔消力池底板脉压均方根值沿程分布图

试验结果得出,消力池边墙的脉动压力最大值发生在旋滚区水流紊动最为剧烈的位置,而后沿程逐渐减小;消力池底板水流脉动压力在跃首附近水跃最大紊动强度区域达到最大,随后沿流程逐渐衰减,在衰减的总趋势下偶有小幅起伏。

11.7 结论和建议

(1)设计水位和校核水位下,表、底孔实测下泄流量均大于设计计算值,说明表、底孔的设计规模满足泄量要求。

(2)试验各工况下,表、底孔闸前水流相对平稳,表孔控泄运行时,闸门前水流产生轻微震荡,表、底孔进口体型合理。

(3)消能建筑物设计标准洪水时,底孔消力池的消能率为56.47%,表孔消力池的消能率为76.24%,各泄洪工况出消力池的水流均较平稳。

(4)消力池出口左岸存在回流,下游河道桩号 0+157.00—0+175.00 河道处有回流,最大回流流速为 1 ~2 m/s,并且未对水流流势造成不良影响。

(5)表孔控泄运行时,表孔堰面弧线中间位置、弧线和直线相接位置均有负压产生,最大为 5.11 kPa,发生在弧线中间位置。各试验工况下,底孔堰面和孔口四周的时均压力均为正值。

(6)消力池底板时均压力均为正值,且顺水流方向逐渐增大,最大值约为 154.9 kPa,发生在消力坎前。

(7)消力池边墙的脉动压力最大值发生在旋滚区水流紊动最为剧烈的位置,而后沿程逐渐减小;消力池底板脉动压力在跃首附近水跃最大紊动强度区域达到最大,随后沿流程逐渐衰减,但在衰减的总趋势下有时也有小幅起伏。

(8)电站尾水渠内和鱼道进口前水位波动均较小,最大约为 20 cm。

(9)消能建筑物设计洪水标准时,水流时有翻越边墙溢出,建议加高消力池边墙高度。

(10)表孔闸门的运用方式可参考表孔闸门控泄时水位与流量关系曲线,高水位、大流量、大开度情况下,检修门槽内有明显漩涡产生,闸门前水流发生震荡,建议避免此种闸门运用方式。

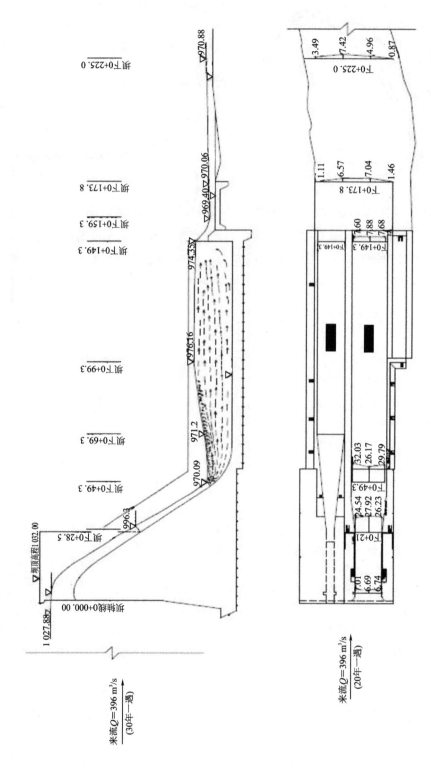

图11-34 20年一遇洪水水面线及流速分布图

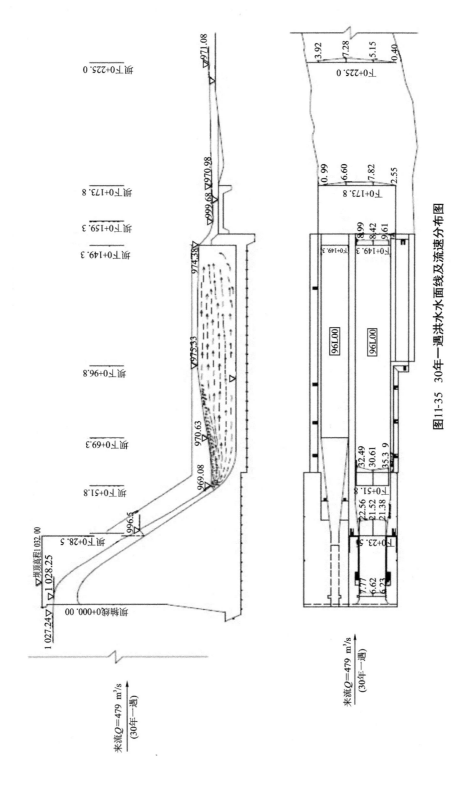

图11-35 30年一遇洪水水面线及流速分布图

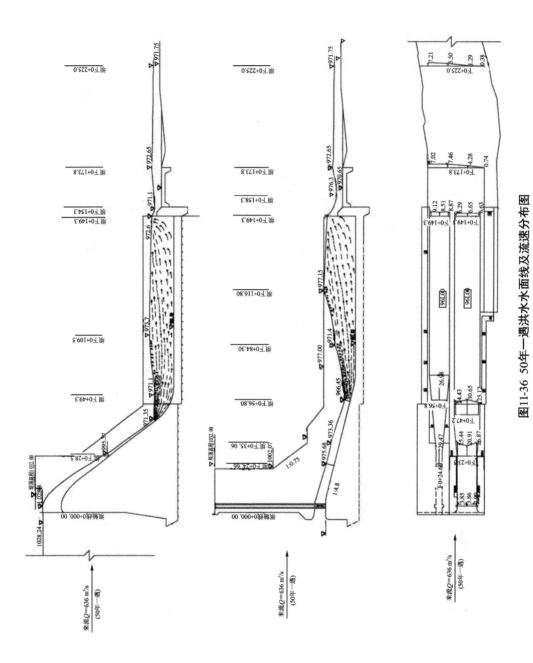

图11-36　50年一遇洪水水面线及流速分布图

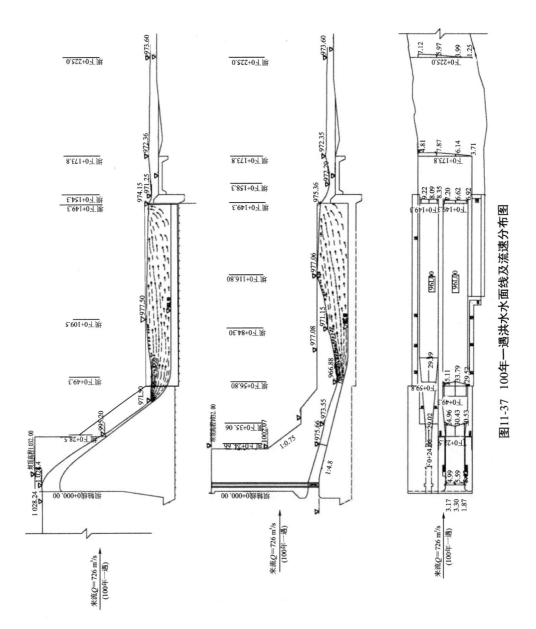

图11-37 100年一遇洪水水面线及流速分布图

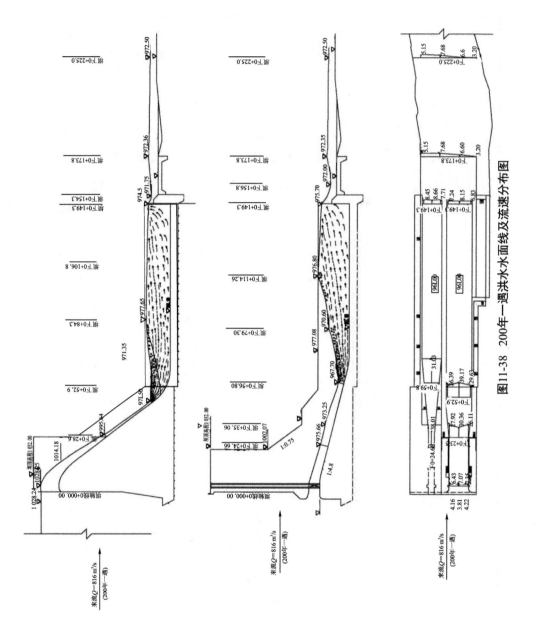

图11-38　200年一遇洪水水面线及流速分布图

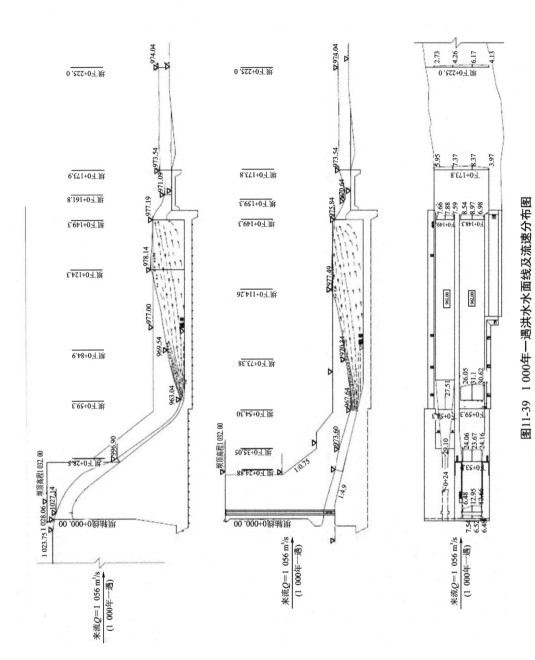

图11-39　1 000年一遇洪水水面线及流速分布图

12 混凝土坝表孔泄流模拟分析

12.1 巴基斯坦帕坦水电站模型试验研究

12.1.1 工程概况

帕坦水电站主要建筑物包括:首部枢纽系统、发电引水系统、左岸地下厂房及地面开关站。电站以发电为主。水库总库容 1.119 亿 m³,电站正常运行水位为 526 m,尾水水位为 461.76 m,毛水头为 65 m,设计发电引水流量为 1 325 m³/s,装机容量为 700.7 MW。拦河坝正常运行设计洪水标准为 1 000 年一遇洪水,洪峰流量 21 600 m³/s;非常运行设计洪水标准为 10 000 年一遇洪水,洪峰流量 29 600 m³/s;极端运行设计洪水标准为 PMF 洪水,洪峰流量 35 650 m³/s;厂房防洪标准按 10 000 年一遇洪水设计;根据业主要求泄水建筑物消能防冲设施按 1 000 年一遇洪水设计。

碾压混凝土重力坝轴线采用曲线布置,坝顶长度 290 m,坝顶高程 535 m,最大坝高 95 m;泄水建筑物由 7 个表孔和 2 个底孔组成,表孔堰顶高程 506.0 m,底孔进口高程 473.0 m;下游消能采用消力戽消能方式。

电站进水口位于左岸,采用一机一洞布置,长度为 127~196 m,采用钢板衬砌,衬砌后洞径 8.5 m,进入厂房前渐变为 6.5 m。地下厂房位于坝下游左岸山体里,主机洞室内安装 4 台单机 176 MW 的混流式水轮发电机组,厂房跨度 20 m,高 55.0 m,总长 170.0 m,其中标准机组段长度 40 m,主机洞室装配两台桥式起重机,在主厂房河流侧设有竖井作为交通和吊物通道,内设电梯,竖井顶部设吊车,厂区地面高程 525.0 m。电站尾水隧洞采用一机一洞布置,尾水隧洞分别长为 150~238 m,采用钢筋混凝土衬砌,城门洞型断面,断面尺寸 9 m×12 m(宽×高),隧洞出口设检修门。

该水电站泄水建筑物集中布置在主河道且表孔和底孔采用"七表二底"方案,泄洪单宽流量较大,最大单宽流量接近 350 m³/(s·m),考虑洪峰流量大,下游水深较大的特点采用戽流消能,坝址两岸河谷狭窄抗冲能力较差,下游河道消能防冲问题较为严重。因此,需要对枢纽的布置方案以及泄水建筑物的体型以及下游消能防冲设施进行水力模拟分析。

本研究通过建立比尺(1:100)的水工模型以及高精度三维紊流数学模型,采用多种先进量测设备测定枢纽布置各工况的水流流态、表底孔的过流能力、下游消能防冲效果以及各工况下表底孔堰面的压力分布等,为电站枢纽的整体设计、建设提供数据支撑和技术参考。

12.1.2 研究内容与技术路线

12.1.2.1 主要研究内容

电站泄水建筑物集中布置在主河道且表孔和底孔采用"七表二底"方案,泄洪单宽流量较大,最大单宽流量接近 350 m³/(s·m),考虑洪峰流量大,下游水深较大的特点是采用戽流消能,坝址两岸河谷狭窄抗冲能力较差,下游河道消能防冲问题较为严重。拟通过整体水工模型试验和数学模型模拟计算,对枢纽布置方案及各个泄洪消能建筑物的布置形式和结构尺寸的合理性进一步研究验证,优化消能设施及泄水建筑物开启运用方式。主要研究内容如下:

(1)验证泄水底孔、表孔的过流能力,测量其有关水力要素,对其轮廓尺寸进行优化。

(2)测定枢纽布置各工况上下游的水流流态,对枢纽布置及建筑物体型、尺寸进行优化。

(3)观测宣泄相应特征洪水时消能设施的消能情况,测定不同工况消力池及整个下游流态、消能、冲刷的影响,验证和修改消能建筑物体形、尺寸。

(4)观测宣泄相应特征洪水时下游河道有关水力要素及冲刷情况,并提出合理可行的防护措施。

(5)结合泄流消能效果提出泄水建筑物闸门合理的开启运用方式。

(6)测量不同泄洪工况下消力戽底板动水冲击压力及脉动压力。

(7)研究电站发电引水与拦河坝泄洪同时发生时,电站进水口前水流流态的变化及泄洪对电站尾水的影响。

12.1.2.2 研究方法与技术线路

通过建立物理模型试验和数学模型计算相结合的综合技术手段开展,对各典型工况消能工消能效果及下游河道水流流速分布及流态进行了模拟研究,主要模拟工况见表12-1。

表 12-1 研究主要模拟工况

试验工况	洪水频率	洪峰流量 (m³/s)	下泄流量 (m³/s)	上游水位 (m)	下游水位 (m)	开启方式		发电流量 (m³/s)
						表孔	底孔	
1	5	4 710	3 385	526	468.66	局开	关闭	1 325
2	50	11 600	10 275	526	477.02	局开	关闭	1 325
3	100	13 900	12 575	526	478.87	局开	关闭	1 325
4	1 000	21 600	21 600	529.16	485.87	全开	关闭	—
5	10 000	29 600	29 600	531	491.87	全开	全开	—
6	PMF	35 650	35 650	536.2	495.61	全开	全开	—

12.1.2.3 整体水工物理模型试验

建立水电站整体水工模型,根据试验研究内容及模型相似性,主要研究枢纽布置合理性、泄水建筑物泄流能力、上下游流态和消能效果等。结合试验场地及供水条件,选定正态模型,几何比尺为100。水流运动主要作用力是重力,因此,模型按重力相似准则设计,保持原型、模型佛汝德数相等。

模型模拟范围应保证试验工作段的流态相似,模型高度应综合考虑模型最高水位和超高、流量量测设施、冲刷深度等因素。本工程模型上游截取河道地形长 700 m,地形高程模拟到 545 m,考虑本工程库区横向较宽,坝前横向范围模拟宽度为 700 m,保证泄水建筑物进口流态不受边界影响,下游截取河道地形长 900 m,地形高程模拟到 510 m。上述模拟范围足以消除模型边界对库区水流影响,保证模型的可靠性。模型布置示意见图 12-1。

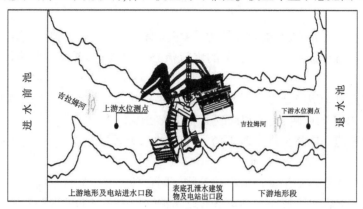

图 12-1　模型布置示意图

整体水工模型对原设计方案的泄流能力及消能流态进行了试验验证,优化方案 1 针对出现的问题对泄水建筑物进行了优化调整,在表孔末端增设宽尾墩及扩展消力戽挑坎段出流宽度,对各个工况的消能情况及下游河道水流流态及流速分布进行了观测。

12.1.2.4　数学模型介绍

通过运用物体力学软件 FLOW-3D 建立三维数学模型,对典型工况下泄洪消能流态及下游河道流速分布进行了模拟计算。

1.基本控制方程

考虑是不可压缩水流流动问题,数模采用 RNG k-ε 双方程紊流模型并耦合"VOF"技术对水流自由表面进行捕捉,三维水流模型的控制方程如下。

(1)连续性方程:

$$\frac{\partial U_i}{\partial X_i}=0 \tag{12-1}$$

(2)动量方程:

$$\frac{\partial U_i}{\partial t}+U_j\frac{\partial U_i}{\partial X_j}=-\frac{1}{\rho}\frac{\partial P}{\partial X_i}+\frac{\partial}{\partial X_i}\left(\nu\frac{\partial U_i}{\partial X_j}-\overline{u_iu_j}\right)+\frac{1}{\rho}F_i \tag{12-2}$$

(3)k 方程:

$$\frac{\partial k}{\partial t}+U_j\frac{\partial k}{\partial X_j}=\frac{\partial}{\partial X_j}\left[\left(\nu+\frac{\nu_t}{\sigma_k}\right)\cdot\frac{\partial k}{\partial X_j}\right]+G-\varepsilon \tag{12-3}$$

(4)ε 方程:

$$\frac{\partial \varepsilon}{\partial t}+U_j\frac{\partial \varepsilon}{\partial X_j}=\frac{\partial}{\partial X_j}\left[\left(\nu+\frac{\nu_t}{\sigma_\varepsilon}\right)\cdot\frac{\partial \varepsilon}{\partial X_j}\right]+C_{1\varepsilon}\frac{\varepsilon}{k}G-C_{2\varepsilon}\frac{\varepsilon^2}{k} \tag{12-4}$$

式中　$-\overline{u_iu_j}=\nu_t\left(\frac{\partial U_i}{\partial X_i}+\frac{\partial U_j}{\partial X_i}\right)-\frac{2}{3}k\delta_{ij}$,$\delta_{ij}$ 是 Kronecker 符号;当 $i=j$ 时,$\delta_{ij}=1$;当 $i\neq j$ 时,$\delta_{ij}=0$;

G——剪切产生项,表达式为 $G=\nu_t\left(\dfrac{\partial U_i}{\partial X_j}+\dfrac{\partial U_j}{\partial X_i}\right)\dfrac{\partial U_i}{\partial X_j}$;

ρ——流体密度;

P——压力;

t——时间;

U_i——i 方向的速度分量;

F_i——作用于单位质量水体的体积力;

$k=\overline{u_i'u_i'}/2$——单位质量紊动动能;

ε——紊动动能耗散率;

ν——运动黏性系数;

ν_t——紊流运动黏性系数,它由紊流动能 k 及紊流动能耗散率 ε 确定,$\nu_t=C_\mu\dfrac{k^2}{\varepsilon}$;

C_μ、$C_{1\varepsilon}$、$C_{2\varepsilon}$、σ_k、σ_ε——模型通用常数,分别取为 0.09、1.44、1.92、1.0、1.3。

对自由表面的捕捉采用 VOF(The Volume of Fluid)方法,在空间上定义函数 F,全含水为 1,不含水为 0,当为自由表面时,$0<F<1$。函数 F 是空间和时间的函数,即 $F=F(x,y,z,t)$,可以理解为固结在流体质点上并随流体一起运动的没有质量和黏性的染色点的运动,其输运方程为:

$$\mathrm{d}F/\mathrm{d}t=0 \tag{12-5}$$

2.数值计算方法

VOF(The Volume of Fluid)法是求解不可压缩、黏性、瞬变和具有自由面流动的一种数值方法,适用于两种或多种互不穿透流体间界面的跟踪计算。对每一相引入体积分数变量 α_q,通过求解每一控制单元内体积分数值确定相间界面。设某一控制单元内第 q 相体积分数为 $\alpha_q(0\leqslant\alpha_q\leqslant1)$。则当 $\alpha_q=0$ 时,控制单元内无第 q 相流体;$\alpha_q=1$ 时,控制单元内充满第 q 相流体;$0<\alpha_q<1$ 时,控制单元包含相界面。在每个控制单元内各相体积分数之和等于 1,即

$$\sum_{q=1}^{n}\alpha_q=1 \tag{12-6}$$

α_q 应满足以下方程:

$$\frac{\partial\alpha_q}{\partial t}+U_i\frac{\partial\alpha_q}{\partial X_i}=0 \tag{12-7}$$

计算中所有控制单元表面体积通量的计算采用隐式差分格式,即

$$\frac{\alpha_q^{n+1}-\alpha_q^{n}}{\Delta t}V+\sum_f(U_f^{n+1}\alpha_{q,f}^{n+1})=0 \tag{12-8}$$

式中　$n+1$——当前时间步指示因子;

n——前一时间步指示因子;

$\alpha_{q,f}$——单元表面第 q 相体积分数计算值;

V——控制单元体积;

U_f——控制单元表面体积通量。

模型求解采用有限差分法,离散格式采用二阶迎风格式,压力-速度耦合采用压力校正法,时间差分采用全隐格式。

1)计算工况

本次数值模拟主要计算了 50 年一遇、1 000 年一遇和 10 000 年一遇 3 种洪水工况下优化方案 2 的泄洪消能情况,计算工况见表 12-2。

表 12-2　　　　　　　　　　　计算工况

洪水重现期间(年)	下泄流量(m³/s)	下游水位(m)	运行条件
50	10 275	477.02	底孔关闭、表孔局开($e=8.96$ m)
1 000	21 600	485.87	底孔关闭、表孔全开
10 000	29 600	491.87	底孔、表孔全开

2)网络划分及边界条件

本次数值模拟计算区域主要包括碾压混凝土重力坝及消能建筑物、坝轴线上游库区 140 m 与下游河道 800 m 的范围。网格划分采用笛卡儿正交结构网格,上游库区网格大小为 2 m,坝体位置网格大小 0.5 m,消力戽及水垫塘部分网格大小为 1 m,二道坝下游 160 m 范围河道网格设为 2 m,再往下游至出口边界网格设为 5 m,网格总数约 1 500 万。计算模型与网格划分如图 12-2 所示。

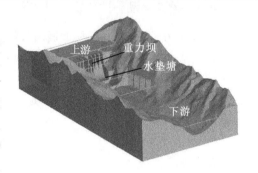

图 12-2　计算模型与网格划分

上游库区距坝轴线 140 m 断面设为进流边界,进流边界条件按对应工况给定进口流量;下游河道距坝轴线 800 m 断面为出流边界,出流边界条件按相应工况给定下游水位;固体边界采用无滑移条件;液面为自由表面。计算初始时刻在拱坝上游库区及下游河道设置相应水位高度的初始水体,以加快水流的稳定。模拟结束条件设定为 150 s,流体设置为不可压缩流体。

12.1.3　物理模型试验成果

12.1.3.1　原设计方案试验成果

原设计方案重力坝布置成曲线形,泄水建筑物布置由 7 个表孔、2 个底孔组成。表孔布置在大坝底孔两侧,左坝肩 3 孔,右坝肩 4 孔,闸门尺寸为 14 m×20 m(宽×高),堰顶高程为 506 m。采用消力戽消能,消力戽底板高程为 450 m,末端布置有消力墩。底孔位于大坝中部,共 2 孔,孔口尺寸为 7 m×8 m(宽×高),进水口底坎高程 473 m,采用挑流消能,末端为半径 40 m 的反弧,戽底设置差动坎,反弧挑角 25°,挑坎弧长为 64.5 m。二道坝在大坝下游约 200 m 处,坝顶高程 465 m。在二道坝前形成一个水垫塘,以保证小流量时溢洪道消力戽末端产生淹没。

1.表孔泄流能力

表孔泄流能力根据《混凝土重力坝设计规范》(SL 319—2005)附录 A.3 公式计算:

$$Q = cm\varepsilon\sigma_s B\sqrt{2g}\,H_w^{\frac{3}{2}} = MB\sqrt{2g}\,H_w^{\frac{3}{2}} \tag{12-9}$$

式中 Q——流量, $\mathrm{m^3/s}$;

B——溢流堰总宽度;

H_w——计入行进流速的堰上总水头, m;

g——重力加速度, $g = 9.81\ \mathrm{m/s^2}$;

m——实用堰流量系数;

c——上游堰坡影响系数;

ε——侧收缩系数;

σ_s——淹没系数;

M——综合流量系数。

试验对表孔敞泄时的过流能力进行观测,即控制下游水位对不同流量进行试验,得出敞泄工况下表孔上游水位与流量关系。试验数据见表 12-3,表孔上游水位与流量之间的关系曲线如图 12-3 所示。

表 12-3 　　　　　　　　　　　表孔敞泄试验数据表

流量 $Q(\mathrm{m^3/s})$	505	7 136.5	13 615	20 735	26 230	32 995
水位 $H(\mathrm{m})$	507.89	517.29	523.09	528.17	531.62	535.49

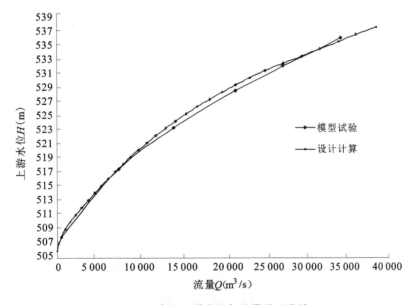

图 12-3　表孔上游水位与流量关系曲线

从图 12-3 可以看出,当上游水位为 10 000 年一遇洪水位($H = 533.28\ \mathrm{m}$)时,实测 7 表孔下泄流量为 29 120 $\mathrm{m^3/s}$,比设计计算值 28 950 $\mathrm{m^3/s}$ 大 0.59%,按式(12-9)计算的综合流量系数为 0.471;当上游水位为 1 000 年一遇洪水位($H = 529.3\ \mathrm{m}$)时,实测 7 表孔下泄流量为 22 450 $\mathrm{m^3/s}$,比设计计算值 21 180 $\mathrm{m^3/s}$ 大 5.99%,按公式(12-9)计算的综合流量系数为 0.46。说明表孔的设计规模满足泄量要求。

2.底孔泄流能力

底孔泄流能力计算公式如下：

$$Q = \sigma_s \mu e B \sqrt{2gH_0} \tag{12-10}$$

式中　Q——流量，$\mathrm{m^3/s}$；

　　　B——孔口宽度，m；

　　　H_0——计入行进流速的闸前水头，m；

　　　g——重力加速度，$g = 9.81\ \mathrm{m/s^2}$；

　　　σ_s——淹没系数；

　　　μ——闸孔流量系数。

通过多组试验,得出底孔 2 孔敞泄运行时上游水位与流量关系曲线,如见图 12-4 所示,底孔试验数据见表 12-4。

表 12-4   底孔敞泄试验数据表

流量 $Q(\mathrm{m^3/s})$	1 185	1 558	2 005	2 420	2 822	3 256
水位 $H(\mathrm{m})$ （桩号 0—300 m）	492.4	496.78	503.86	512.2	522.56	535.22

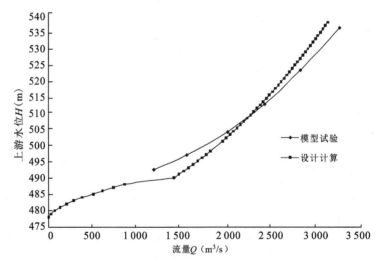

图 12-4　底孔上游水位与流量关系曲线

由图 12-4 可以看出,当上游水位为 10 000 年一遇洪水位($H = 533.28$ m)时,实测底孔下泄流量为 3 189.5 $\mathrm{m^3/s}$,比设计计算值 3 050 $\mathrm{m^3/s}$ 大 1.29%,按式(12-10)计算的闸孔流量系数为 0.859;当上游水位为 1 000 年一遇洪水位($H = 529.3$ m)时,实测底孔下泄流量为 3 054.5 $\mathrm{m^3/s}$,比设计计算值 2 940 $\mathrm{m^3/s}$ 大 3.89%,按式(12-10)计算的闸孔流量系数为 0.851。说明底孔的设计规模满足泄量要求。

3.消能效果及流态

1)1 000 年一遇洪水工况

1 000 年一遇洪水工况,7 个表孔敞泄泄流,下泄流量为 21 600 m³/s,坝上游桩号 0-300 m 处水位为 529.16 m,相应坝下桩号 0+800 m 处下游水位为 485.87 m。

上游水流平顺地进入表孔,经 WES 堰流入消力庐,进而进入消力池。由于受边墙收缩影响,挑坎处水流折冲对撞,水流在消力庐内翻滚剧烈,流态紊乱,水流翻越消力池两侧平台。水流在消力池内消能效果不理想,在二道坝位置形成水跌快速流向下游,河道消能防冲压力较大。1 000 年一遇洪水工况消力庐及消力池内水流流态如图 12-5 所示。

图 12-5 1 000 年一遇洪水水流流态

2)10 000 年一遇洪水工况

10 000 年一遇洪水工况,表、底孔联合敞泄流量 29 600 m³/s,坝上游桩号 0-300 处水位为 531.00 m,相应坝下 0+800 处下游水位为 491.87 m。

上游水流平顺的进入表孔,经 WES 堰流入消力庐,进而进入消力池。由于受边墙收缩影响,挑坎处水流折冲对撞,随着流量的加大,水流在消力庐内翻滚更加剧烈,流态更加紊乱,水流亦翻越消力池两侧平台。水流在消力池内的消能效果较差,在二道坝位置形成水跌快速流向下游,河道消能防冲压力较大。10 000 年一遇洪水工况消力戽及消力池内水流流态如图 12-6 所示。

图 12-6　10 000 年一遇洪水水流流态

12.1.3.2　优化方案 1 试验成果

　　基于原设计方案存在的下泄单宽流量大和消力池消能效果较差的问题,对原方案进行了初步优化,即在原方案的基础上在表孔闸墩墩尾增设宽尾墩和消力戽挑坎位置横向扩宽 15 m,挑坎弧长为 79.5 m。宽尾墩收缩比为 0.5,出口净宽 7.0 m,顺水流方向长 15 m,墩尾宽 3.5 m,取消戽底差动坎。对优化方案 1 各试验工况进行了测量,表孔从左至右依次排序 1#~7#孔。

　　1.5 年一遇洪水工况

　　5 年一遇洪水工况,表孔和电站联合运行下泄流量 4 710 m³/s,上游水位 526 m。其中电站正常运行所需流量为 1 325 m³/s,表孔 2#、5#两孔控泄下泄 3 385 m³/s,闸门开度约为 11.65 m,坝下桩号 0+800 断面控制水位 468.66 m。

　　上游库区水面平稳,水流经闸孔沿 WES 堰平顺地进入消力戽,进而进入消力池。由于弧形闸门的阻挡作用,水流在闸前有轻微的波动。水流在堰顶处流速为 11.75 m/s,5$^{#}$孔宽尾墩末端表流速为 16.56 m/s,底流速为 14.14 m/s,2$^{#}$孔宽尾墩末端表流速为 15.69 m/s,底流速为 11.56 m/s。水流在二道坝前形成水垫塘,进入消力戽的水流在其水垫塘内翻滚消能,出池流态相对稳定,此工况消力戽和消力池消能效果较好。水流经二道坝形成轻微水跌流向下游河道。二道坝顶水流最大流速为 9.11 m/s,二道坝后河道流速分布横、纵向分层明显,即主流流速偏大,两岸流速依次减小;表流速偏大,底流速较小。桩号 0+260 m 断面主流最大表流速为 5.48 m/s,最大底流速为 4.27 m/s;桩号 0+400 断面主流最大表流速为 5.31 m/s,最大底流速为 5.17 m/s;桩号 0+500 断面主流最大表流速为 5.30 m/s,最大底流速为 4.78 m/s;桩号 0+600 断面主流最大表流速为 5.51 m/s,最大底流速为 4.48 m/s。此工况以坝轴线断面和坝下桩号 0+500 断面为基准建立能量方程计算的消能工总消能率为 68.08%。水流在电站尾水位置有波动,波动值约为 1.80 m。5 年一遇洪水工况水流流态如图 12-7 所示,流速分布和水面线如图 12-8 所示。

图 12-7　5 年一遇洪水工况水流流态

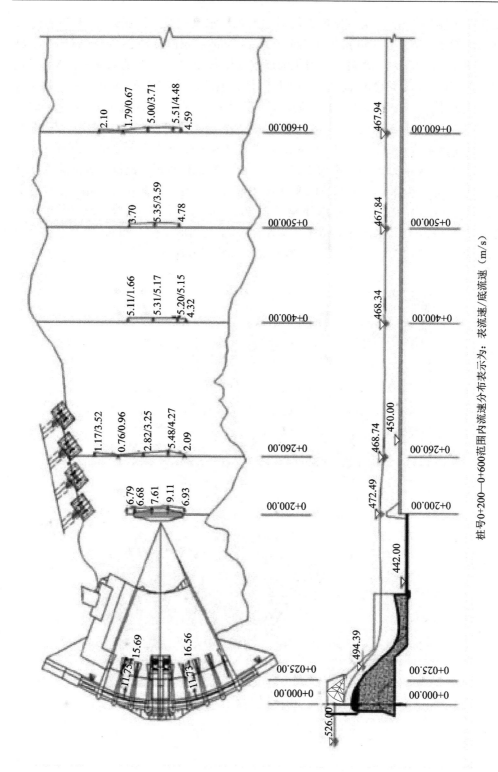

桩号0+200—0+600范围内流速分布表示为：表流速/底流速（m/s）

图12-8 5年一遇洪水（$Q=4\ 710\text{m}^3/\text{s}$）工况流速分布及水面线

2.50 年一遇洪水工况

50 年一遇洪水工况,表孔和电站联合运行下泄流量 11 600 m³/s,上游水位 526 m。其中电站正常运行所需流量为 1 325 m³/s,表孔 7 孔控泄下泄 10 275 m³/s,闸门开度约为 8.96 m,坝下 0+800 m 断面控制水位 477.02 m。

上游库区水面平稳,水流经闸孔沿 WES 堰平顺地进入消力戽,进而进入消力池。由于弧形闸门的阻挡作用,水流在闸前有轻微的波动。水流在堰顶处流速最大为 12.23 m/s,宽尾墩末端最大表流速为 18.03 m/s,底流速为 16.97 m/s。随着流量的加大,水流在消力戽和消力池内翻滚剧烈,出池流态相较于 5 年一遇洪水工况紊乱,此工况消力戽和消力池消能效果较好。水流经二道坝形成水跌流向下游河道,二道坝顶流速呈表大底小分布,水流最大流速为 15.31 m/s。二道坝后河道断面流速分布横、纵向分层明显,即主流流速偏大,向两岸方向流速依次减小;表流速偏大,底流速较小,流速呈表大底小分布。桩号 0+240 断面主流最大表流速为 16.27 m/s,相应位置底流速为 8.68 m/s;桩号 0+400 断面主流最大表流速为 9.46 m/s,相应位置底流速为 5.17 m/s;桩号 0+500 m 断面主流最大表流速为 8.94 m/s,相应位置底流速为 5.41 m/s;桩号 0+600 断面主流最大表流速为 8.21 m/s,相应位置底流速为 5.12 m/s。此工况以坝轴线断面和桩号 0+500 断面为基准计算的消能率为 56.67%。水流在电站尾水位置上下起伏波动,随着流量的加大,波动幅度增大,波动值约为 2.37 m。50 年一遇洪水工况水流流态如图 12-9,流速分布和水面线如图 12-10 所示。

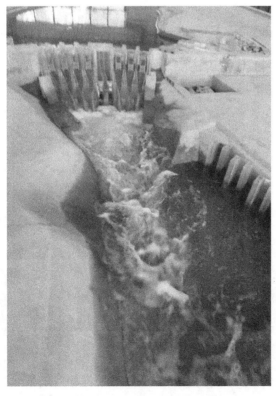

图 12-9 50 年一遇洪水工况水流流态

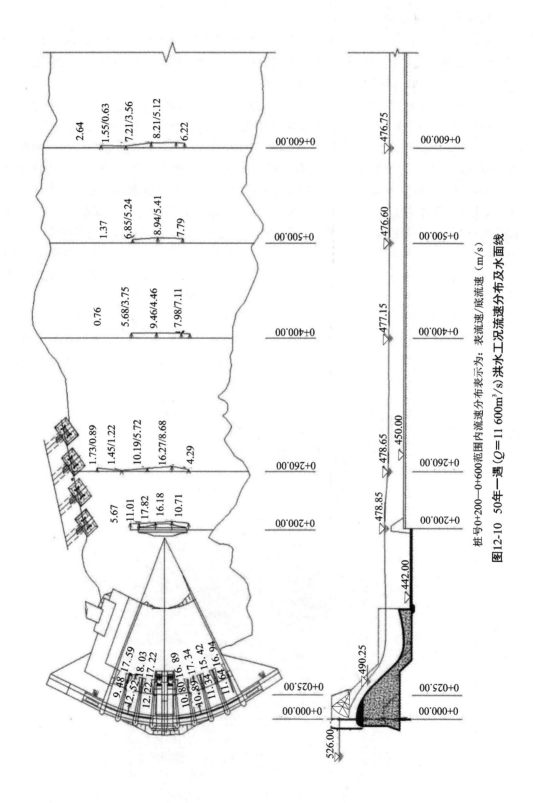

桩号0+200—0+600范围内流速分布表示为：表流速/底流速（m/s）

图12-10 50年一遇（*Q*=11 600m³/s）洪水工况流速分布及水面线

3.100 年一遇洪水工况

100 年一遇洪水工况,表孔和电站联合运行下泄流量 13 900 m³/s,上游水位 526 m。其中电站正常运行所需流量为 1 325 m³/s,表孔 7 孔控泄下泄 12 575 m³/s,闸门开度约为 11.25 m,坝下 0+800 m 断面控制水位 478.87 m。

上游库区水面平稳,水流经闸孔沿 WES 堰平顺地进入消力斥,进而进入消力池。由于弧形闸门的阻挡作用,水流在闸前有波动。水流在堰顶处流速最大为 12.52m/s,宽尾墩末端最大表流速为 19.02 m/s,底流速为 17.59 m/s。随着流量的再次加大,水流在消力斥和消力池组成的水垫塘内翻滚更加剧烈,出池流态更加紊乱,此工况消力斥和消力池起到一定的消能效果。水流经二道坝形成的水跌现象较前两种工况明显,二道坝顶流速呈表大底小分布,水流最大流速为 17.82 m/s,二道坝后河道断面上,流速横、纵向分层明显,即主流流速偏大,向两岸流速依次减小;表流速偏大,底流速较小,呈表大底小分布。在二道坝后 40 m 处流速达到最大,桩号 0+240 断面主流最大表流速为 13.38 m/s,相应位置底流速为 6.51 m/s;桩号 0+400 断面主流最大表流速为 10.35 m/s,相应位置底流速为 5.07 m/s;桩号 0+500 断面主流最大表流速为 9.47 m/s,相应位置底流速为 5.29 m/s;桩号 0+600 断面主流最大表流速为 8.25 m/s,相应位置底流速为 6.15 m/s。此工况以坝轴线断面和桩号 0+500 断面为基准计算的消能率为 54.11%。水流在电站尾水口上下起伏波动,流量加大,波动幅度增大,波动值约为 3.75 m,可能对电站运行有一定影响。100 年一遇洪水工况水流流态如图 12-11 所示,流速分布和水面线如图 12-12 所示。

图 12-11   100 年一遇洪水工况水流流态

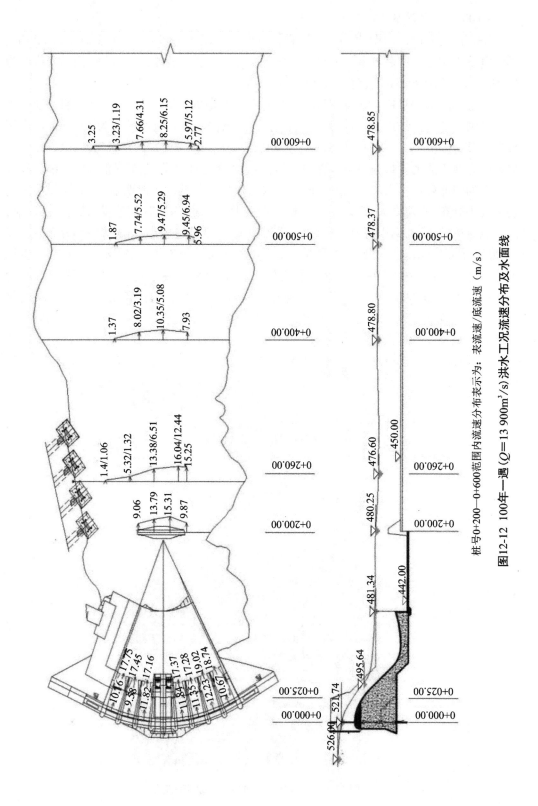

桩号0+200—0+600范围内流速分布表示为：表流速/底流速（m/s）

图12-12 100年一遇（$Q=13\,900\,m^3/s$）洪水工况流速分布及水面线

4.1 000 年一遇洪水工况

1 000 年一遇洪水工况,表孔单独运行下泄流量 21 600 m³/s,上游水位 529.16 m,坝下 0+800 断面位置控制水位 485.87 m。

上游库区水面平稳,水流平顺地进入表孔,经 WES 堰流入消力戽,进而进入消力池。水流在堰顶处流速最大为 17.19 m/s,宽尾墩末端最大表流速为 22.07 m/s,底流速为 19.94 m/s。虽然挑坎处已横向扩宽 15 m,但边墙收缩影响依然存在,挑坎处水流折冲对撞,流量加大,水流在消力戽内翻滚剧烈,流态紊乱,水流翻越消力池两侧平台。水流在消力池内消能效果不太理想,在二道坝位置形成水跃快速流向下游,在二道坝后 60 m 处流速达到最大。二道坝顶流速呈表大底小分布,水流最大流速为 17.85 m/s,二道坝后河道断面上,流速横、纵向分层明显,即主流流速偏大,向两岸流速依次减小;表流速偏大,底流速较小,呈表大底小分布。桩号 0+260 断面主流最大表流速为 17.64 m/s,相应位置底流速为 10.66 m/s;桩号 0+400 断面主流最大表流速为 10.67 m/s,相应位置底流速为 4.73 m/s;桩号 0+500 断面主流最大表流速为 9.62 m/s,相应位置底流速为 5.32 m/s;0+600 断面主流最大表流速为 8.70 m/s,相应位置底流速为 4.48 m/s。水流主流偏向右岸,因此,应注重河道右岸的防护。此工况以坝轴线断面和桩号 0+500 断面为基准计算的消能率为 46.53%。1 000 年一遇洪水工况水流流态如图 12-13,流速分布和水面线如图 12-14 所示。

图 12-13 1 000 年一遇洪水工况水流流态

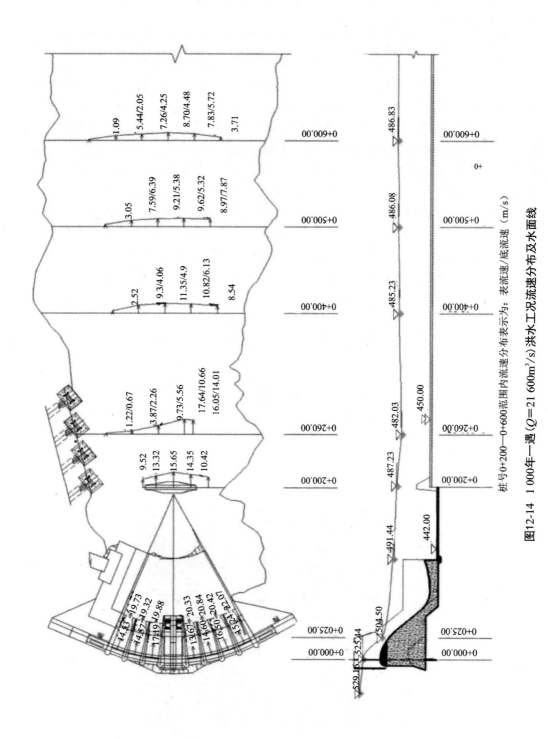

图12-14　1 000年一遇（Q=21 600m³/s）洪水工况流速分布及水面线

5.10 000 年一遇洪水工况

10 000 年一遇洪水工况,表、底孔联合敞泄运行下泄流量 29 600 m³/s,上游水位 531.00 m,坝下 0+800 断面位置控制水位 491.87 m。

上游库区水面平稳,水流平顺地进入表孔,经 WES 堰流入消力戽,进而进入消力池。水流在堰顶处流速最大为 16.74 m/s,宽尾墩末端最大表流速为 22.72 m/s,底流速为 18.95 m/s。受边墙收缩影响,挑坎处水流折冲对撞,水流在消力戽内翻滚非常剧烈,流态紊乱,水流翻越消力池两侧平台。消力池左侧水面高程约 499.24 m,右侧水面高程约为 497.79 m。水流在消力池内消能效果较差,在二道坝位置形成水跌快速流向下游,在二道坝后 60 m 处流速达到最大,下游河道消能防冲压力较大。二道坝顶流速呈表大底小分布,水流最大流速为 17.53 m/s,二道坝后河道断面流速分布横、纵向分层明显,即主流流速偏大,向两岸流速依次减小;表流速偏大,底流速较小,水流呈表大底小分布。桩号 0+260 断面主流最大表流速为 17.85 m/s,相应位置底流速为 10.41 m/s;桩号 0+400 断面主流最大表流速为 11.35 m/s,相应位置底流速为 4.90 m/s;桩号 0+500 断面主流最大表流速为 10.02 m/s,相应位置底流速为 5.87 m/s;桩号 0+600 断面主流最大表流速为 8.68 m/s,相应位置底流速为 4.13 m/s。水流主流偏向右岸,因此更加注重河道右岸的防护。此工况以坝轴线断面和桩号 0+500 断面为基准计算的消能率为 40.87%。10 000 年一遇洪水工况水流流态如图 12-15,流速分布和水面线如图 12-16 所示。

图 12-15　10 000 年一遇洪水工况水流流态

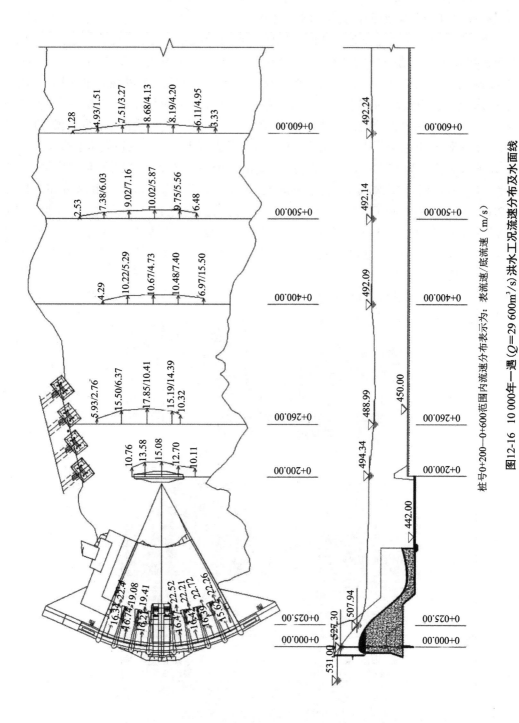

桩号0+200—0+600范围内流速分布表示为：表流速/底流速（m/s）

图12-16　10 000年一遇（$Q=29\ 600\mathrm{m}^3/\mathrm{s}$）洪水工况流速分布及水面线

12.1.3.3 表孔堰面和戽流消力池时均压力

沿表孔中心线到戽流消力池底布设 10 个测点,具体位置如图 12-17 所示。对表孔堰面和戽流消力池底时均压力进行了以下 4 种试验工况:表孔控泄、底孔敞泄、电站发电、上游水位为 526 m 的前提下,分别下泄 50 年一遇洪水、100 年一遇洪水;表孔敞泄,底孔和电站均关闭前提下,下泄 1 000 年一遇洪水;表、底孔均敞泄,电站关闭前提下,下泄10 000 年一遇洪水。各工况测得表孔堰面的时均压力见表 12-5。

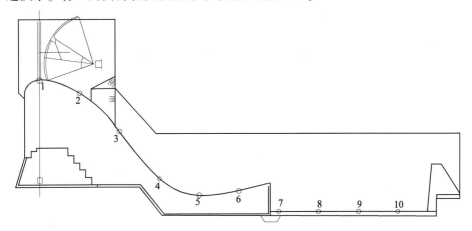

图 12-17 表孔堰面及戽流消力池底测点布设图

表 12-5　　　　　　　各试验工况表孔堰面及戽流消力池底时均压力

测点编号	测点高程(m)	各试验工况时均压力(kPa)			
		50 年一遇洪水(11 900 m³/s)	100 年一遇洪水(13 900 m³/s)	1 000 年一遇洪水(21 600 m³/s)	10 000 年一遇洪水(29 600 m³/s)
1	506.00	94.18	−4.91	42.18	44.15
2	499.98	−18.93	−13.05	70.34	99.77
3	481.20	−37.87	33.75	190.71	208.36
4	458.00	80.25	86.13	91.04	119.49
5	450.10	191.20	202.97	294.20	361.89
6	451.90	362.68	391.12	476.47	522.58
7	442.00	341.39	377.69	490.50	539.55
8	442.00	338.45	367.88	453.22	527.78
9	442.00	314.70	336.78	488.83	470.19
10	442.00	270.27	286.45	318.83	378.67

由表 12-5 可知,50 年和 100 年一遇洪水工况下,表孔均采取控泄的运行方式,表孔堰面均有负压产生。50 年一遇洪水工况时,负压发生在 2#、3# 测点,且 3# 测点负压值较大为 −37.87 kPa,相当于 3.86 m 水柱高度;100 年一遇洪水工况,负压发生在 1#、2# 测点,且 2# 测点负压值较大为 −13.05 kPa,相当于 1.33 m 水柱高度。这两种工况下,表孔控泄运行,

流量越大,表孔堰面产生的负压值越小,而正压值随着流量的加大而增大,最大值均在 6# 测点位置。1 000 年和 10 000 年一遇洪水工况下,表孔敞泄运行,无负压产生,压力值随着流量的加大而增大,10 000 年一遇洪水工况时,6# 测点的压力值为 522.58 kPa,相当于 53.27 m 水柱高度。各试验工况下,戽流消力池底板压力均为正值,10 000 年一遇洪水工况时,7# 测点压力值达到最大为 539.55 kPa,相当于 55 m 水柱高度。

12.1.3.4 底孔时均压力

沿底孔中心线分别上下共布设 11 个测点,具体位置如图 12-18 所示。对底孔时均压力分别进行了以下 3 种试验工况:表孔控泄、底孔敞泄、电站发电、上游水位为 526 m 的前提下,分别下泄 50 年一遇洪水、100 年一遇洪水;表、底孔均敞泄,电站关闭前提下,下泄 10 000 年一遇洪水。各工况测得表孔堰面的时均压力见表 12-6。

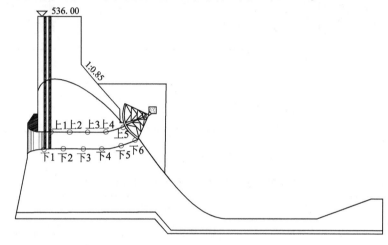

图 12-18 底孔测点布设图

表 12-6 各试验工况底孔时均压力

测点编号	测点高程(m)	各试验工况时均压力(kPa)		
		50 年一遇洪水 (11 900 m³/s)	100 年一遇洪水 (13 900 m³/s)	10 000 年一遇洪水 (29 600 m³/s)
上 1	481.00	−14.72	−10.79	7.85
上 2	481.00	33.35	37.28	92.21
上 3	481.00	123.61	125.57	169.71
上 4	481.26	127.92	129.88	201.50
上 5	483.37	114.09	124.88	182.76
下 1	473.00	127.53	130.47	206.99
下 2	473.00	171.68	174.62	237.40
下 3	473.00	231.52	238.38	297.24
下 4	473.07	214.15	218.08	279.88
下 5	474.66	221.12	227.98	287.83
下 6	477.26	191.69	192.67	251.53

由表 12-6 可知,50 年和 100 年一遇洪水工况下,上 1 测点位置均出现负压,50 年一遇洪水工况时负压值较大为 -14.72 kPa,相当于 1.5 m 水柱高度;10 000 年一遇洪水工况下,沿程压力均为正值。各试验工况,压力最大值均发生在下 3 测点位置,且随着流量的增加而增大,10 000 年一遇洪水时达到最大为 297.24 kPa,相当于 30.3 m 水柱高度。

12.1.4　数学模型研究成果

帕坦水电站数值模拟方案(优化方案 2)保留了优化方案 1 在表孔布置宽尾墩的消能方式,宽尾墩收缩比为 0.5,收缩段长度 15 m,并在此基础上,通过增大重力坝的曲率半径,将出口挑坎弧长增至 99.4 m,以增加消力池规模,减小下泄水流的单宽流量,改善消能效果。本节采用计算流体软件对优化方案 2 进行了数值模拟,研究了该方案在不同工况下的泄洪消能效果。

12.1.4.1　50 年一遇洪水工况

50 年一遇洪水工况,表孔控制下泄流量 11 600 m³/s,闸门开度约为 8.96 m,下游水位 477.02 m。

水流经过表孔时受宽尾墩束窄作用,水舌在横向上收缩、纵向上拉伸流至下游消力戽,在戽斗及消力池底部形成反向旋滚,主流区域分布在面层,各表孔下泄水流在挑坎出口对冲较弱。该工况泄洪消能流态如图 12-19 和图 12-20 所示。

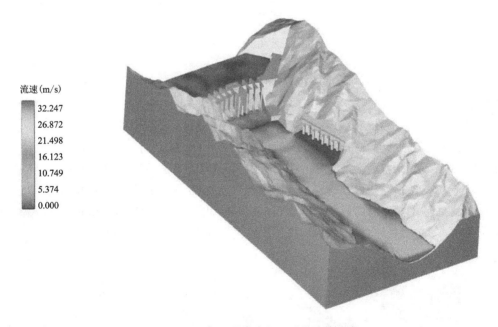

图 12-19　50 年一遇洪水工况泄洪消能流态

流速（m/s）

0.0   5.0   9.9   14.8   19.7   24.6   29.5

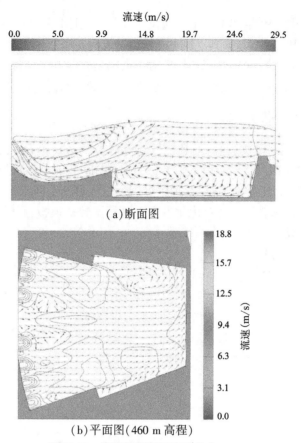

（a）断面图

（b）平面图（460 m 高程）

图 12-20　戽流消能断面流速分布

水流在堰顶处流速最大为 10.29 m/s，宽尾墩末端最大表流速为 27.00 m/s，最大底流速为 25.56 m/s。水流经消力戽和消力池消能，出池流速明显减小，二道坝上水流最大流速为 10.66 m/s，水流在二道坝后形成水跌流向下游河道。

下游河道分别测量了桩号 0+260、0+400、0+500、0+600 四个断面的流速，各断面流速分布如图 12-21 所示，水流主流分布在河道中间，越靠近表面流速越大。桩号 0+260 断面最大流速为 7.20 m/s，桩号 0+400 断面最大流速为 7.60 m/s，桩号 0+500 断面最大流速为 7.28 m/s，桩号 0+600 断面最大流速为 6.61 m/s。此工况以坝轴线断面和桩号 0+500 断面为基准计算的消能率为 56.03%。该工况流速分布和水面线见图 12-22。

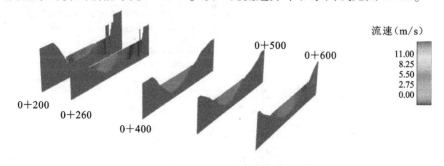

图 12-21　下游各断面流速分布图

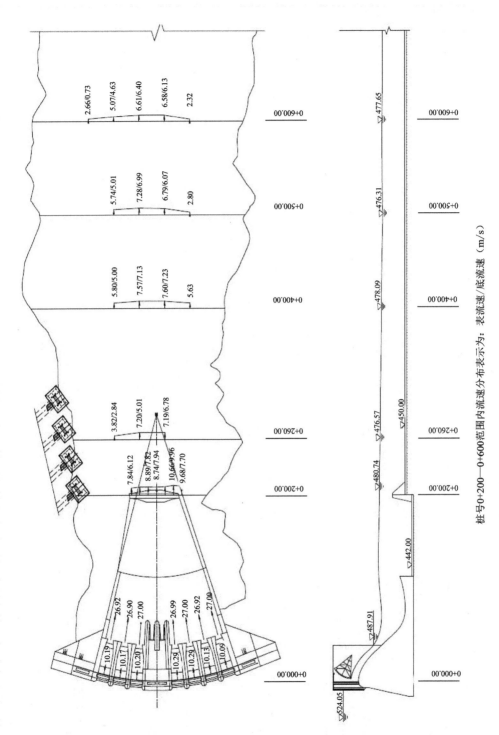

桩号0+200—0+600范围内流速分布表示为：表流速/底流速（m/s）

图12-22 50年一遇洪水工况流速分布及水面线

12.1.4.2 1 000 年一遇洪水工况

1 000 年一遇洪水工况,表孔单独运行下泄流量 21 600 m³/s,下游水位 485.87 m。

该工况相比 50 年一遇洪水工况,水流在戽斗与消力池底部旋滚更加剧烈,紊动范围相应增大,各表孔下泄水流受坝体曲率的影响,在挑坎出口处形成一定的折冲对撞,随后一起流入下游消力池。该工况泄洪消能流态如图 12-23 和图 12-24 所示。

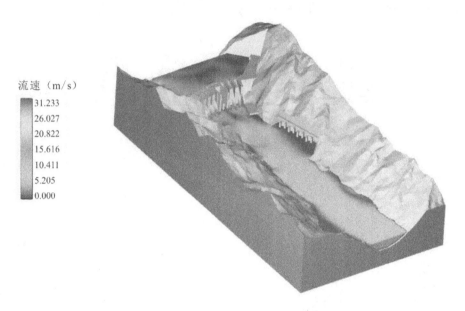

图 12-23 1 000 年一遇洪水工况泄洪消能流态

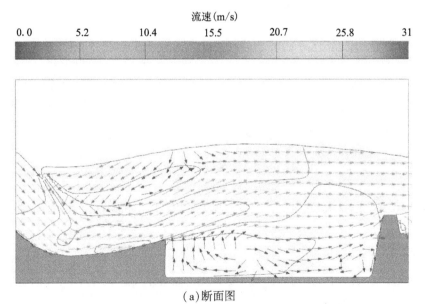

(a)断面图

图 12-24 戽流消能断面流速分布

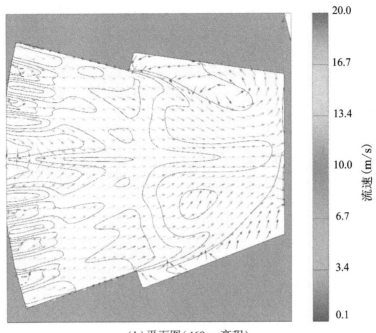

（b）平面图（460 m 高程）

续图 12-24

水流在堰顶处流速最大为 10.90 m/s，宽尾墩末端最大表流速为 24.70 m/s，底流速为 26.20 m/s。水流经戽流消能，出池流速显著减小，二道坝上水流最大流速为 15.91 m/s，水流在二道坝后形成水跌流向下游河道。

下游水流主流分布在河道中间，流速在竖向上呈表大底小分布，各断面流速分布如图 12-25 所示。桩号 0+260 断面最大流速为 12.29 m/s，桩号 0+400 断面最大流速为 10.07 m/s，桩号 0+500 断面最大流速为 9.77 m/s，桩号 0+600 断面最大流速为 8.94 m/s。此工况以坝轴线断面和桩号 0+500 断面为基准计算的消能率为 47.11%。该工况流速分布和水面线如图 12-26 所示。

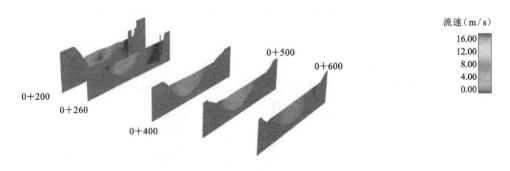

图 12-25　下游河道各断面流速分布图

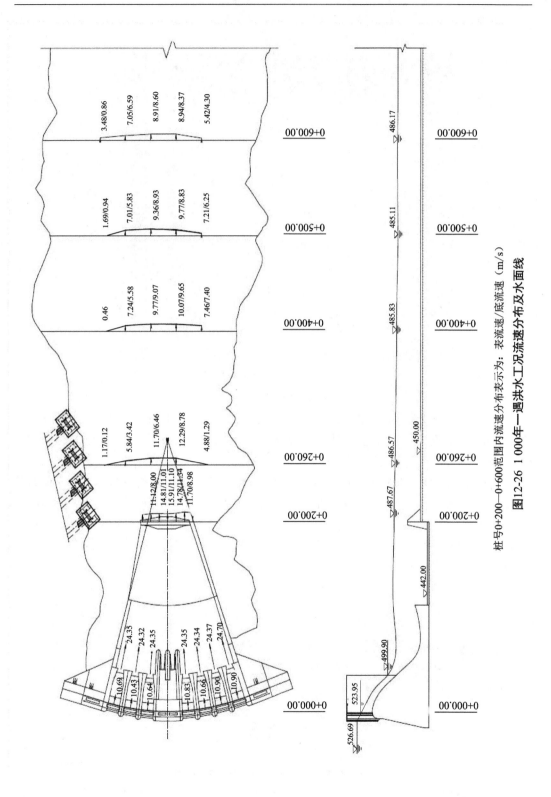

桩号0+200—0+600范围内流速分布表示为：表流速/底流速（m/s）

图12-26 1 000年一遇洪水工况流速分布及水面线

12.1.4.3　10 000 年一遇洪水工况

10 000 年一遇洪水工况,表、底孔联合敞泄运行下泄流量 29 600 m³/s,下游水位 491.87 m。

该工况下,下泄水流表层翻滚更加剧烈,戽斗与消力池底部旋滚范围增大,各表孔下泄水流在挑坎出口处折冲对撞,随后一起流入下游消力池。该工况泄洪消能流态如图 12-27 和图 12-28 所示。

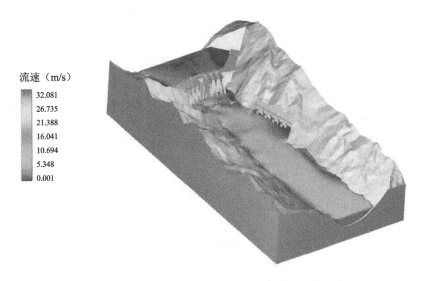

流速（m/s）

图 12-27　10 000 年一遇洪水工况泄洪消能流态

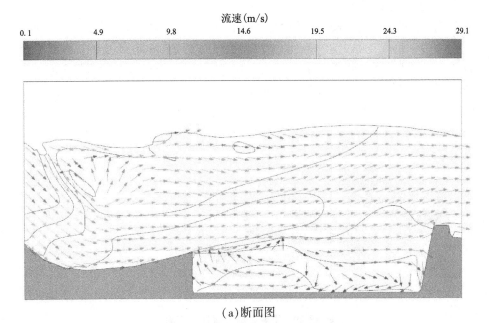

流速(m/s)

（a）断面图

图 12-28　戽流消能断面流速分布

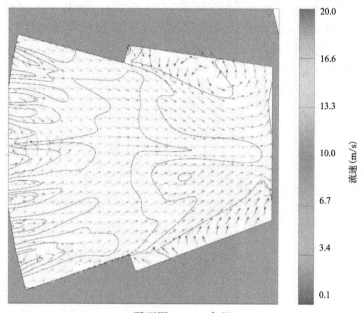

（b）平面图（460 m 高程）

续图 12-28

水流在堰顶处流速最大为 11.80 m/s，宽尾墩末端最大表流速为 24.08 m/s，最大底流速为 26.49 m/s。水流经消能出池流速明显减小，二道坝顶水流最大流速为 16.73 m/s，水流在二道坝后形成水跌流向下游河道。

下游河道中间水流流速较大，两侧流速较小，垂向流速呈表大底小分布，各断面流速分布如图 12-29 所示，。桩号 0+260 断面最大流速为 13.38 m/s，桩号 0+400 断面最大流速为 11.05 m/s，桩号 0+500 断面最大流速为 10.42 m/s，桩号 0+600 断面最大流速为 9.02 m/s。此工况以坝轴线断面和 0+500 断面为基准计算的消能率为 42.30%。该工况流速分布和水面线见图 12-30。

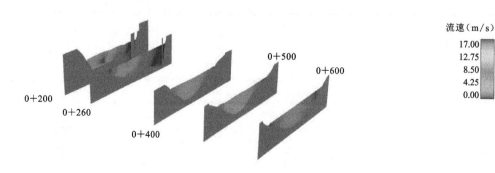

图 12-29 下游各断面流速分布图

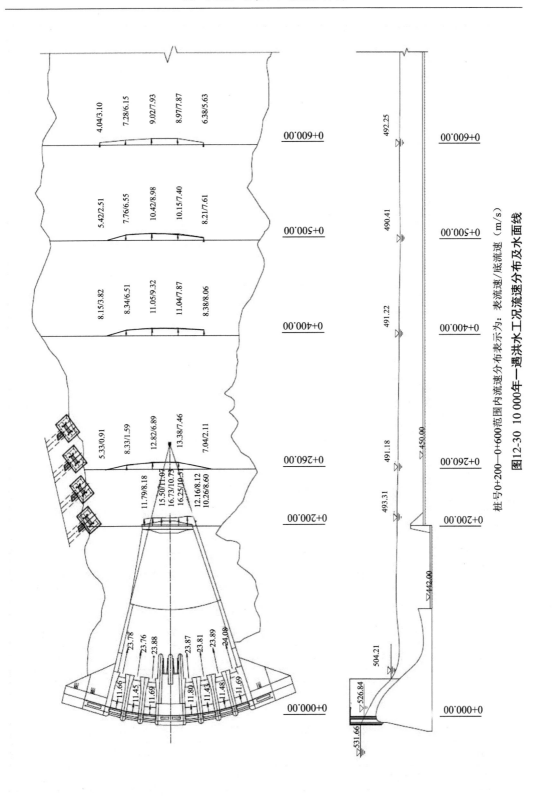

桩号0+200—0+600范围内流速分布表示为：表流速/底流速（m/s）

图12-30　10 000年一遇洪水工况流速分布及水面线

12.1.4.4 表孔泄洪中心线压力

各表孔泄洪建筑物体型布置相同,因此,仅提取 2#、5#表孔泄洪中心线上的压力进行分析,从堰顶到戽坎压力测点布置如图 12-31 所示。不同工况下 2#表孔泄洪中心线沿程压力分布见表 12-7,5#表孔泄洪中心线沿程压力分布见表 12-8。

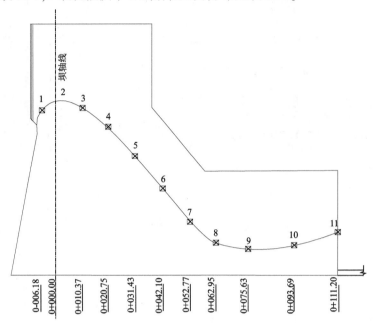

图 12-31　表孔泄洪中心线压力测点布置

表 12-7		2#表孔泄洪中心线沿程压力		单位:kPa
测点	5 年一遇	50 年一遇	100 年一遇	1 000 年一遇	10 000 年一遇
1	147.99	179.08	143.44	174.85	192.97
2	47.35	89.17	61.80	45.36	43.98
3	18.82	0.66	17.15	21.75	27.86
4	28.72	7.35	20.10	59.23	77.78
5	52.34	39.37	46.52	69.45	84.58
6	16.20	16.61	17.06	62.54	107.67
7	137.68	158.62	169.70	262.87	300.73
8	385.56	375.09	384.25	518.23	496.62
9	327.39	315.02	333.56	538.47	560.56
10	214.24	277.94	289.76	405.28	480.29
11	159.39	221.88	235.13	290.97	361.54

表 12-8		5# 表孔泄洪中心线沿程压力		单位:kPa	
测点	5 年一遇	50 年一遇	100 年一遇	1 000 年一遇	10 000 年一遇
1	152.32	184.22	144.16	179.98	193.87
2	47.44	93.07	61.28	48.32	45.58
3	17.91	1.31	17.20	21.97	27.95
4	28.63	7.06	20.25	58.60	77.47
5	51.72	37.92	45.60	68.26	80.16
6	17.57	17.81	17.89	59.28	96.41
7	130.57	147.82	159.70	252.80	361.18
8	395.53	367.93	378.44	514.95	523.43
9	314.18	306.74	324.79	541.53	546.91
10	216.03	276.33	289.60	405.11	481.30
11	158.39	220.54	236.36	299.87	362.57

不同工况下 2#、5# 表孔泄洪中心线上的压力分布规律相近,水流自堰顶沿堰面曲线及直线段下泄,时均压力相应减小,当流至下游反弧段即消力戽时,受离心力的作用,堰面压力逐渐增大,并在戽斗底部附近达到最大,随后开始下降。不同试验工况下 5# 表孔泄洪中心线沿程压力分布如图 12-32～图 12-36 所示。

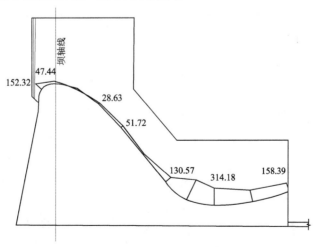

图 12-32　5 年一遇工况 5# 表孔泄洪中心线沿程压力分布(单位:kPa)

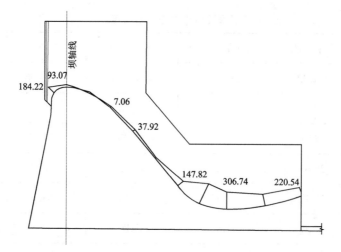

图 12-33　50 年一遇工况 5# 表孔泄洪中心线沿程压力分布(单位:kPa)

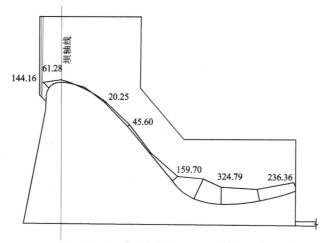

图 12-34　100 年一遇工况 5# 表孔泄洪中心线沿程压力分布(单位:kPa)

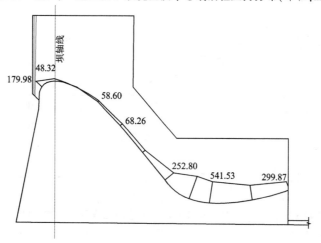

图 12-35　1 000 年一遇工况 5# 表孔泄洪中心线沿程压力分布(单位:kPa)

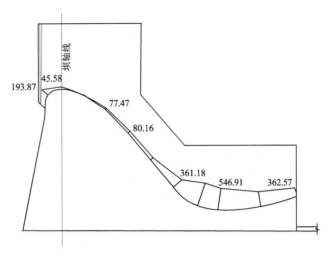

图 12-36　10 000 年一遇工况 5# 表孔泄洪中心线沿程压力分布（单位：kPa）

通过图 12-32~图 12-36 可以看出，5 年一遇洪水工况最大堰面压力为 395.53 kPa，50 年一遇洪水工况最大堰面压力为 367.93 kPa，100 年一遇洪水工况最大堰面压力为 378.44 kPa，1 000 年一遇洪水工况最大堰面压力为 541.53 kPa，10 000 年一遇洪水工况最大堰面压力为 546.91 kPa。除 5 年一遇洪水工况外，随着洪水来流量的增大，堰面压力呈逐渐增大的趋势。

12.1.4.5　消力池中心线压力

消力池压力测点主要布置在泄洪中心线上，从戽坎底部至二道坝共布置 8 个测点，测点之间相距 20 m，消力池中心线压力测点布置如图 12-37 所示。不同工况下消力池中心线沿程压力分布见表 12-9。

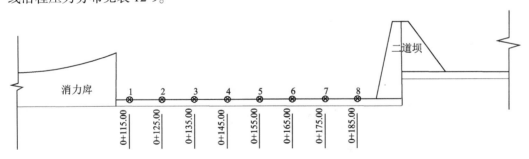

图 12-37　消力池中心线压力测点布置

表 12-9　　　　　　　　　　　消力池中心线沿程压力　　　　　　　　　　单位：kPa

测点	5 年一遇	50 年一遇	100 年一遇	1 000 年一遇	10 000 年一遇
1	296.99	356.00	368.85	419.17	489.76
2	296.70	356.63	369.07	419.45	488.32
3	298.52	361.76	374.22	423.72	492.41
4	300.71	368.20	384.12	438.23	504.77

续表 12-9   单位:kPa

测点	5 年一遇	50 年一遇	100 年一遇	1 000 年一遇	10 000 年一遇
5	302.63	372.98	391.80	457.77	519.59
6	304.22	376.21	396.17	474.84	529.96
7	305.32	378.68	398.42	486.57	537.49
8	306.19	382.03	401.24	497.28	546.38

　　消力池中心线上的时均压力在各工况下的分布规律相同,即测点越靠近下游二道坝,时均压力越大。5 年一遇洪水工况下,消力池中心线最大时均压力为 306.19 kPa;50 年一遇洪水工况下,消力池中心线最大时均压力为 382.03 kPa;100 年一遇洪水工况下,消力池中心线最大时均压力为 401.24 kPa;1 000 年一遇洪水工况下,消力池中心线最大时均压力为 497.28 kPa;10 000 年一遇洪水工况下,消力池中心线最大时均压力为 546.38 kPa。随着上游洪水来流量的增大,消力池底部时均压力呈逐渐增大的趋势。

12.1.4.6　底孔孔身压力

　　10 000 年一遇洪水工况为表孔、底孔联合敞泄运行工况,提取该工况下底孔孔身的沿程时均压力。由于两个底孔沿泄洪中心线对称布置,因此,压力测点主要布置在左侧底孔,沿孔身选定 6 个典型断面,即断面 1 至断面 6,每个断面沿圆周布置 4 个压力测点,如 1 断面 1 −1(上)、1−2(下)、1−3(左)、1−4(右),底孔孔身压力测点布置如图 12-38 所示。

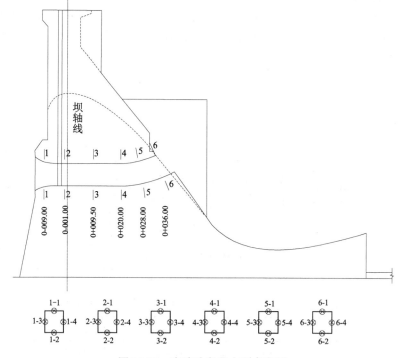

图 12-38　底孔孔身压力测点布置

由表 12-10 可知,底孔各断面顶部压强最小,两侧压强次之,底部压强最大,两侧压强基本相同。自底孔进口至出口挑坎,孔身压强沿程基本呈逐渐减小的趋势,其中 4、5 断面底部压强相比断面 3 有所增大,2 断面两侧压强小于上下游断面 1 和断面 3 的压强。底孔孔身沿程最大时均压强为 301.93 kPa,出现在底孔进口底部。5、6 断面顶部出现负压,分别为 -18.00 kPa 和 -22.83 kPa。

表 12-10   **底孔孔身沿程压力**   单位 kPa

断面		测点位置			
断面号	桩号	上	下	左	右
1	0−009.00	222.42	301.93	198.93	225.58
2	0−001.00	76.21	161.09	85.60	85.05
3	0+009.50	67.78	142.51	105.44	105.44
4	0+020.00	12.70	182.54	101.96	101.79
5	0+028.00	−18.00	196.36	94.87	93.84
6	0+036.00	−22.83	138.54	66.63	63.17

12.1.5 物理模型和数值模拟结果对比分析

对巴基斯坦帕坦水电站各工况分别进行了物理模型试验和数值模拟,现将模型试验成果与数值计算模拟结果分别进行对比分析。

12.1.5.1 流速成果对比分析

根据 50 年一遇洪水、1 000 年一遇洪水和 10 000 年一遇洪水 3 种工况的物理模型试验成果和数值模拟计算成果,分别提取沿程各测点桩号位置的流速大小进行对比分析,见表 12-11 和图 12-39。

表 12-11   **各工况沿程流速对比分析**

测点位置	各试验工况流速 v(m/s)					
	50 年一遇洪水		1 000 年一遇洪水		10 000 年一遇洪水	
	$v_物$	$v_数$	$v_物$	$v_数$	$v_物$	$v_数$
堰顶(0+000)	12.23	10.29	17.19	10.90	16.74	10.90
0+035	18.03	27.00	22.07	24.70	22.72	24.70
0+200	15.31	10.66	17.85	15.91	17.85	15.91
0+260	8.68	7.20	17.64	12.29	17.85	12.29
0+400	9.46	7.60	10.67	10.09	11.35	10.07
0+500	8.94	7.28	9.62	9.77	10.02	9.77
0+600	8.21	6.61	8.70	8.94	8.68	8.94

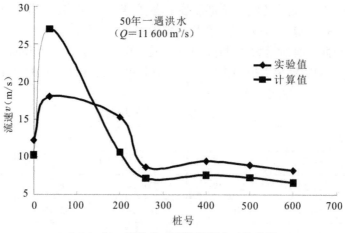

（a）50 年一遇洪水工况沿程流速对比分析

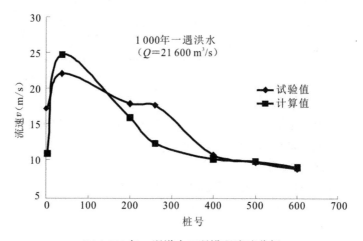

（b）1 000 年一遇洪水工况沿程流速分析

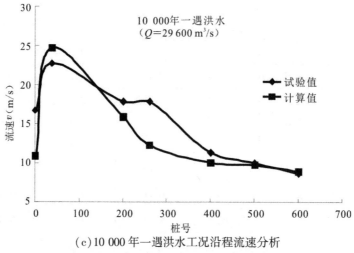

（c）10 000 年一遇洪水工况沿程流速分析

图 12-39　各工况物模和数模流速对比分析

由表 12-11 和图 12-39 可知,各工况物理模型和数值模拟流速对比分析,堰顶位置和桩号 0+035 位置数值模拟计算结果稍大于模型试验成果,但相差不大,其后位置模型试验成果均稍大于数值计算成果,各工况两种曲线变化规律基本一致。

12.1.5.2 压力成果对比分析

根据 50 年一遇洪水、100 年一遇洪水、1 000 年一遇洪水和 10 000 年一遇洪水 4 种工况下的物理模型试验成果及数学模拟计算成果,分别提取不同工况下沿中心线布设的各测点沿程压力进行对比分析,其结果见表 12-12 和图 12-40。

表 12-12 　　　　　　　　各工况沿程压力对比分析 　　　　　　　　单位:kPa

桩号测点	各工况沿程压力分布							
	50 年一遇洪水		100 年一遇洪水		1 000 年一遇洪水		10 000 年一遇洪水	
	$P_物$	$P_数$	$P_物$	$P_数$	$P_物$	$P_数$	$P_物$	$P_数$
0+000	94.18	89.17	−4.91	61.80	42.18	45.36	44.15	43.98
0+020	−18.93	7.35	−13.05	20.10	70.34	59.23	99.77	77.78
0+040	−37.87	16.61	33.75	17.06	190.71	62.54	208.36	107.67
0+060	80.25	375.09	86.13	384.15	91.04	518.23	119.49	496.62
0+080	191.20	315.02	202.97	333.56	294.20	538.47	361.89	560.56
0+100	362.68	277.94	391.12	289.76	476.47	405.28	522.58	480.29
0+120	341.39	356.63	377.69	369.07	490.50	419.45	539.55	488.32
0+140	338.45	368.20	367.88	384.12	453.22	438.23	527.78	504.77
0+160	314.70	376.21	336.78	396.17	488.83	474.84	470.19	529.96
0+180	270.27	382.03	286.45	401.24	318.83	497.28	378.67	546.38

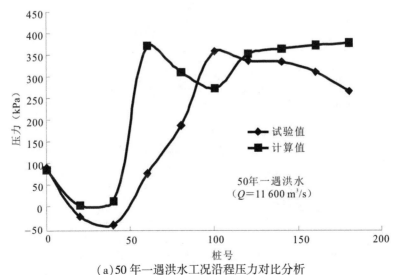

(a)50 年一遇洪水工况沿程压力对比分析

图 12-40 各工况物模和数模沿程压力对比分析

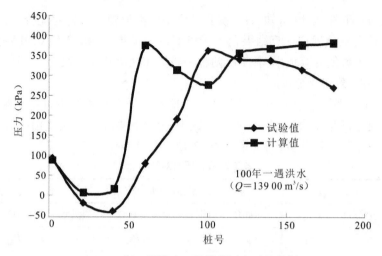

(b)100 年一遇洪水工况沿程压力对比分析

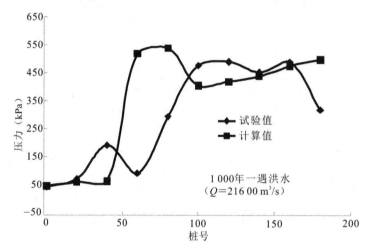

(c)1 000 年一遇洪水工况沿程压力对比分析

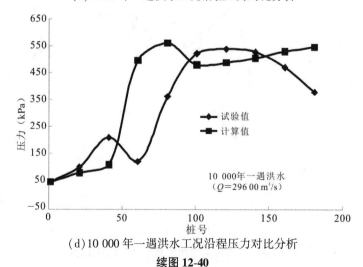

(d)10 000 年一遇洪水工况沿程压力对比分析

续图 12-40

由表 12-12 和图 12-40 可知,各工况下桩号 0+000—0+050 之内的沿程压力,试验值稍大于计算值,桩号 0+050—0+100 之内的沿程压力,计算值稍大于试验值,其后位置试验值均先大于计算值后变小,4 种工况压力沿程分布曲线趋势基本一致,但试验值和计算值有些许差异,需要对其产生原因进行深入研究以确保模型试验成果和数学计算成果相近,提高成果的准确度。

12.1.6 小结

阿扎德帕坦水电站采用戽流消能,最大泄洪单宽流量接近 350 m³/(s·m),坝址两岸河谷狭窄抗冲能力较差,下游河道消能防冲问题比较严重。本研究通过整体水工模型试验和数学模型模拟计算,对枢纽布置方案及各个泄洪消能建筑物的布置形式和结构尺寸的合理性做研究验证,优化消能设施及泄水建筑物开启运用方式,研究解决本工程泄洪消能难题,结论如下:

(1)通过模型试验验证,原设计方案表、底孔在 10 000 年一遇洪水水位和 1 000 年一遇洪水水位下的泄流流量均大于设计计算值,表明表、底孔的泄流能力满足设计要求,泄水建筑物规模合理。

(2)原设计方案泄洪下泄单宽流量较大,受边墙收缩影响挑坎处水流折冲对撞,水流在消力戽内剧烈翻滚,流态紊乱,水流翻越消力池两侧平台;消力池消能效果较差,在二道坝后形成急流水舌冲向下游,可能带来较为严重的河道冲刷问题。

(3)针对原设计方案存在的问题,优化方案 1 在原方案的基础上表孔闸墩墩尾增设宽尾墩以及消力戽挑坎位置横向扩宽 15 m,挑坎弧长为 79.5 m,取消戽底差动坎。经试验验证消力戽内水流流态有所改善,二道坝后河道断面流速分布横、纵向分层明显,河道主流流速较大偏向右岸,左岸方向流速依次减小,流速垂向呈表大底小分布。50 年一遇洪水工况下游桩号 0+500 断面主流最大表流速为 8.94 m/s,相应位置底流速为 5.41 m/s,以坝轴线断面和桩号 0+500 断面为基准建立能量方程计算消能率为 56.67%;1 000 年一遇洪水工况下游桩号 0+500 断面主流最大表流速为 9.62 m/s,相应位置底流速为 5.32 m/s,计算消能率为 46.53%;10 000 年一遇洪水工况下游桩号 0+500 断面主流最大表流速为 10.02 m/s,相应位置底流速为 5.87 m/s,计算消能率为 40.87%。

(4)优化方案 2 采用数学模型模拟计算,保留了优化方案 1 表孔墩尾布置宽尾墩的消能方式,增大重力坝的曲率半径,将出口挑坎弧长增至 99.4 m,减小下泄水流的单宽流量,改善消能效果。通过模拟成果来看,下游河道桩号 0+200—0+400 断面主流区靠近右岸,桩号 0+500 以后断面水流中间流速较大,两侧流速较小,垂向流速呈表大底小分布。50 年一遇洪水工况下游 0+500 m 断面主流最大流速为 7.28 m/s,以坝轴线断面和桩号 0+500 断面为基准建立能量方程计算消能率为 56.03%;1 000 年一遇洪水工况下游桩号 0+500 断面主流最大流速为 9.77 m/s,计算消能率为 47.11%;10 000 年一遇洪水工况下游桩号 0+500 断面主流最大表流速为 10.42 m/s,计算消能率为 42.30%。

(5)优化方案 2 与优化方案 1 相比坝下整体水流流态及流速分布基本一致,1 000 年一遇洪水和 10 000 年一遇洪水消能率略有改善,但仍不是很理想,下游河道主流区最大流速超过 10 m/s,河道右岸及河谷部位易受冲刷破坏,需要防护范围较大。建议下一步针对消能工体型的优化修改做进一步研究。

（6）通过上述数学模型计算值与物理模型试验值对比分析发现,计算值与实测值基本一致,变化规律基本相同,局部产生较大偏差可能是受现场环境等因素的影响,我们可以认为采用 FLOW-3D 软件可以对巴基斯坦帕坦水电站水力学条件进行模拟。

12.2　SETH 水电站模型试验研究

12.2.1　工程概况

　　SETH 水利枢纽位于新疆阿勒泰地区青河县乌伦古河上游河段,是乌伦古河流域规划确定的唯一具有多年调节能力的水库,可控制乌伦古河近全部径流,工程任务为工业供水和防洪,兼顾灌溉和发电,并为加强乌伦古河流域水资源管理和维持生态创造条件。水库总库容 2.94 亿 m³,多年平均供水量 2.631 亿 m³,设计水平年改善灌溉面积 27.61 万亩,电站装机 27.6 MW。工程建成后,可使下游沿线乡镇防洪标准的洪水重现期由 10 年提高到 20 年,县城防洪标准由 20 年提高到 30 年。工程等别为 II 等,工程规模为大(2)型,坝址以上集水面积 18 050 km²,多年平均天然径流量 10.50 亿 m³。

　　本工程为碾压混凝土重力坝,主要由拦河坝(碾压混凝土重力坝)、泄水建筑物(表孔和底孔坝段)、放水兼发电引水建筑物(放水兼发电引水坝段)、坝后式电站厂房和过鱼建筑物等组成,拦河坝最大坝高 75.5 m,从左岸至右岸布置 1#~21#共 21 个坝段,坝顶总长 372.0 m。枢纽布置示意如图 12-41 所示。挡水建筑物混凝土重力坝的设计洪水重现期为 100 年一遇,校核洪水重现期为 1 000 年一遇。泄水建筑物消能防冲设计洪水标准取 50 年一遇。水电站厂房设计洪水标准取 50 年一遇,校核洪水标准取 200 年一遇。水库调洪后各种频率洪水的洪峰流量及相应水库水位和下泄流量见表 12-13,水库特征水位及库容见表 12-14。

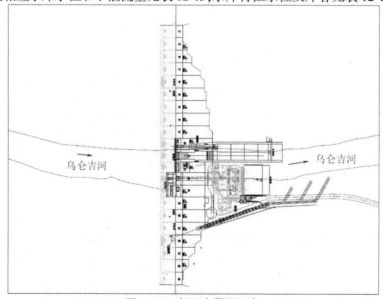

图 12-41　枢纽布置图示意

表 12-13   调洪后各种频率洪水的洪峰流量及相应水库水位和下泄流量

洪水频率		2%	1%	0.5%	0.2%	0.1%
碾压混凝土坝	洪峰流量(m³/s)	636	726	816	934	1 230
	最高洪水位(m)	1 028.24	1 028.24	1 028.24	1 028.31	1 029.94
	最大下泄流量(m³/s)	636	726	816	888	1 056

表 12-2   水库特征水位及库容

方案	碾压混凝土重力坝方案	方案	碾压混凝土重力坝方案
正常蓄水位(m)	1 027.00	总库容(亿 m³)	2.94
防洪高水位(m)	1 028.24	调节库容(亿 m³)	2.33
设计洪水位(m)	1 028.24(1%)	防洪库容(亿 m³)	0.21
校核洪水位(m)	1 029.94(0.1%)	死库容(亿 m³)	0.08
死水位(m)	986		

12.2.2 研究内容与技术路线

12.2.2.1 主要研究内容

为确保水利工程的泄水建筑物安全可靠运行,拟通过整体水工模型试验和数学模型模拟计算,对枢纽布置方案及各个泄洪消能建筑物的布置形式和结构尺寸的合理性进一步研究验证,优化消能设施及泄水建筑物开启运用方式。主要研究内容如下:

(1)测试表、底孔敞泄能力和表孔不同闸门开度情况下的泄流能力。

(2)测试表孔、底孔工况表中不同工况下的泄流能力、水面线、泄流流态。

(3)根据不同工况下表、底孔闸前水流流态,从而判断进口体形的合理性。

(4)观测表孔堰面水流流态和压力分布,判断其气蚀可能性,提出是否或如何改进。

(5)观测底孔各种工况孔中心线水面线和孔口四周的压力值,判断气蚀情况,提出是否或如何改进。

(6)观测消力池底面的压力分布,判断气蚀情况,提出是否或如何改进。

(7)观测不同泄洪工况消力池水流流态、流速分布及水面线,根据测试结果对消力池的池深、池长、尾坎体型进行修改优化试验,提出合理方案。

(8)观测不同泄洪工况时,下游河床冲刷范围及形态,提出合理的防护范围和措施。

(9)观测泄流时,消力池池底和边墙的时均压力和脉动压力。

(10)观测泄流时,对下游鱼道的影响,并提出合理方案。

(11)观测泄流时,水电站尾水渠内水位及其波动值,尾水渠内的流态、流速等情况。

(12)观测泄流时,水电站尾水渠导墙末端流速及导墙两侧的水位。

（13）提出不同泄量情况下各闸门合理的开启运用方式。

12.2.2.2　研究方法和技术路线

通过建立物理模型试验和数学模型计算相结合的综合技术手段开展,对各典型工况消能工消能效果及下游河道水流流速分布及流态进行了模拟研究,主要模拟工况见表12-15。

表12-3　　　　　　　　　　　　　　　　试验工况表

上游水位(m)	入库流量 (m³/s)	运行方式		发电流量 (m³/s)	下泄流量 (m³/s)
		底孔	表孔		
986		全开	全关		
986		局开	全关		
986		局开	全关		47
1 005		局开	全关		15.2
1 005		局开	全关		60.8
1 027(正常蓄水位)*		全关	全关	63.9	
1 027.88(20 年一遇洪水)	516	全关	局开	63.9	395(按此流量控泄)
1 028.24(30 年一遇洪水)	726	全关	局开	63.9	479(按此流量控泄)
1 028.24(50 年一遇洪水)	636	全开	局开	63.9	636
1 028.24(100 年一遇洪水)	726	全开	局开	63.9	726
1 028.24(200 年一遇洪水)	816	全开	局开	63.9	816
1 029.94(1 000 年一遇洪水)	1 230	全开	全开		1 056

本节拟将50 年一遇洪水、100 年一遇洪水、200 年一遇和1 000 年一遇洪水的模型试验成果和数学模型计算成果进行对比分析,优化泄洪建筑物尺寸及布置方式,解决下游消能防冲问题,保障工程安全运行。

12.2.2.3　整体水工物理模型试验

建立水电站整体水工模型,根据试验研究内容及模型相似性,主要研究枢纽布置合理性、泄水建筑物泄流能力、上下游流态和消能效果等。结合试验场地及供水条件,选定正态模型,几何比尺为50。水流运动主要作用力是重力,因此模型按重力相似准则设计,保持原型、模型佛汝德数相等。

考虑上、下游的水流相似,模型试验范围包括坝轴线上游450.00 m内的地形(高程模拟到1 032.00 m),下游650.00 m内的地形(高程模拟到968.00 m)、宽度最宽为600.00 m。该河段包含重力坝挡水坝段、表孔坝段、底孔坝段和电站坝段等建筑物。模型布置示意如图12-42所示。

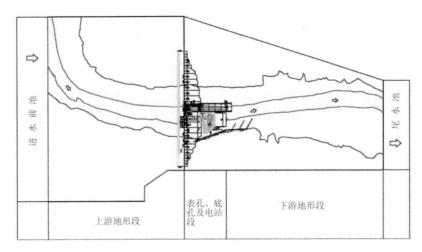

图 12-42 模型布置图示意

整体水工模型对原设计方案的表、底孔的泄流能力及消力池内消能流态进行了试验验证,优化方案针对出现的问题对泄水建筑物进行了优化调整,表底孔消力池内增设隔墙,扩宽底孔出口宽度,加深消力池深度,增高消力池边墙高度,并对各个工况的消能情况及下游河道水流流态及流速分布进行了观测。

12.2.2.4 数学模型介绍

通过流体力学软件 FLOW-3D 建立数学模型,对典型工况下泄洪消能流态及下游河道流速分布进行了模拟计算。

1.基本控制方程

考虑是不可压缩水流流动问题,数模采用 RNG k-ε 双方程紊流模型并耦合"VOF"技术对水流自由表面进行捕捉,三维水流模型的控制方程为:

(1)连续性方程:

$$\frac{\partial U_i}{\partial X_i}=0 \tag{12-11}$$

(2)动量方程:

$$\frac{\partial U_i}{\partial t}+U_j\frac{\partial U_i}{\partial X_j}=-\frac{1}{\rho}\frac{\partial p}{\partial X_i}+\frac{\partial}{\partial X_i}\left(\nu\frac{\partial U_i}{\partial X_j}-\overline{u_iu_j}\right)+\frac{1}{\rho}F_i \tag{12-12}$$

(3)k 方程:

$$\frac{\partial k}{\partial t}+U_j\frac{\partial k}{\partial X_j}=\frac{\partial}{\partial X_j}\left[\left(\nu+\frac{\nu_t}{\sigma_k}\right)\cdot\frac{\partial k}{\partial X_j}\right]+G-\varepsilon \tag{12-13}$$

(4)ε 方程:

$$\frac{\partial\varepsilon}{\partial t}+U_j\frac{\partial\varepsilon}{\partial X_j}=\frac{\partial}{\partial X_j}\left[\left(\nu+\frac{\nu_t}{\sigma_\varepsilon}\right)\cdot\frac{\partial\varepsilon}{\partial X_j}\right]+C_{1\varepsilon}\frac{\varepsilon}{k}G-C_{2\varepsilon}\frac{\varepsilon^2}{k} \tag{12-14}$$

式中 $\overline{-u_iu_j}=\nu_t\left(\frac{\partial U_i}{\partial X_i}+\frac{\partial U_j}{\partial X_i}\right)-\frac{2}{3}k\delta_{ij}$,$\delta_{ij}$ 是 Kronecker 符号;当 $i=j$ 时;$\delta_{ij}=1$;当 $i\neq j$ 时,$\delta_{ij}=0$;

G——剪切产生项,表达式为 $G=\nu_t\left(\dfrac{\partial U_i}{\partial X_j}+\dfrac{\partial U_j}{\partial X_i}\right)\dfrac{\partial U_i}{\partial X_j}$;

ρ——流体密度;

P——压力;

t——时间;

U_i——i 方向的速度分量;

F_i——作用于单位质量水体的体积力;

$k=\overline{u_i{'}u_i{'}}/2$——单位质量紊动动能;

ε——紊动动能耗散率;

ν——运动黏性系数;

ν_t——紊流运动黏性系数,它由紊流动能 k 及紊流动能耗散率 ε 确定,$\nu_t=C_\mu\dfrac{k^2}{\varepsilon}$;

C_μ、$C_{1\varepsilon}$、$C_{2\varepsilon}$、σ_k、σ_ε——模型通用常数,分别取为 0.09、1.44、1.92、1.0、1.3。

对自由表面的捕捉采用 VOF(The Volume of Fluid)方法,在空间上定义函数 F,全含水为 1,不含水为 0,当为自由表面时,$0<F<1$。函数 F 是空间和时间的函数,即 $F=F(x,y,z,t)$,可以理解为固结在流体质点上并随流体一起运动的没有质量和黏性的染色点的运动,其输运方程为:

$$\mathrm{d}F/\mathrm{d}t=0 \tag{12-15}$$

2.数值计算方法

VOF(The Volume of Fluid)法是求解不可压缩、黏性、瞬变和具有自由面流动的一种数值方法,适用于两种或多种互不穿透流体间界面的跟踪计算。对每一相引入体积分数变量 α_q,通过求解每一控制单元内体积分数值确定相间界面。设某一控制单元内第 q 相体积分数为 $\alpha_q(0\leq\alpha_q\leq1)$。则当 $\alpha_q=0$ 时,控制单元内无第 q 相流体;$\alpha_q=1$ 时,控制单元内充满第 q 相流体;$0<\alpha_q<1$ 时,控制单元包含相界面。在每个控制单元内各相体积分数之和等于 1,即

$$\sum_{q=1}^{n}\alpha_q=1 \tag{12-16}$$

α_q 应满足以下方程:

$$\frac{\partial\alpha_q}{\partial t}+U_i\frac{\partial\alpha_q}{\partial X_i}=0 \tag{12-17}$$

计算中所有控制单元表面体积通量的计算采用隐式差分格式,即

$$\frac{\alpha_q^{n+1}-\alpha_q^n}{\Delta t}V+\sum_f(U_f^{n+1}\alpha_{q,f}^{n+1})=0 \tag{12-18}$$

式中 $n+1$——当前时间步指示因子;

n——前一时间步指示因子;

$\alpha_{q,f}$——单元表面第 q 相体积分数计算值;

V——控制单元体积;

U_f——控制单元表面体积通量。

模型求解采用有限差分法,离散格式采用二阶迎风格式,压力-速度耦合采用压力校正法,时间差分采用全隐格式。

本次数值模拟计算区域主要包括混凝土重力坝及消能建筑物、坝轴线上游库区 250 m 与下游河道 400 m 的范围。网格划分采用笛卡儿正交结构网格,上游库区及右岸挡水坝段网格大小为 1 m,溢流表孔及底孔位置网格大小 0.5 m,下游消力池及下游河道部分网格大小为 1 m,网格总数约 1 101 万个。计算模型与网格划分如图 12-43 所示。

上游库区距坝轴线 250 m 断面设为进流边界,进流边界条件按对应工况给定进口流量;下游河道距坝轴线 400 m 断面为出流边界,出流边界条件按相应工况给定下游水位;

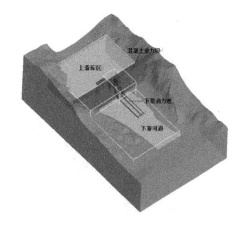

图 12-43　计算模型与网格划分

固体边界采用无滑移条件;液面为自由表面。计算初始时刻在拱坝上游库区及下游河道设置相应水位高度的初始水体,以加快水流的稳定。模拟结束条件设定为 150 s,流体设置为不可压缩流体。

12.2.3　物理模型试验成果

12.2.3.1　原设计方案试验成果

原设计方案消力池池长 80 m,底孔出口段后孔口宽度由 3 m 扩散到 7 m,其后接反弧段与消力池相接,表底孔共用一个消力池。消力池底板顶高程为 963 m,墙顶高程为 975 m,消力池底部总宽度为 23.5 m,尾坎顶高程 970 m,顶宽 2 m,上游坡比 1∶2,下游为直立式,坎后设混凝土防冲板,顶高程为 969 m。试验表明,按 50 年一遇的洪水标准联合泄洪时,此布置方式下消力池存在如下问题:

(1)消能极不充分,水流出池流速约为 10 m/s 左右。

(2)表孔、底孔单独泄洪时,水流侧向回流严重,池内水流流态极端紊乱,流态差。

(3)底孔单独泄洪时,水流流速过大,未在池中形成完整水跃,水流呈潜流抛射状出池。

(4)消力池中水位较高,水流时有翻过消力池边墙进入厂区。

12.2.3.2　优化方案试验成果

优化后的设计方案为:表孔为开敞式溢流孔,采用 WES 实用堰堰型,堰顶高程为 1 019 m,表孔设置 1 孔,净宽为 10 m,边墩厚 4 m,下游导墙厚 2.5 m,在下游 0+28.5 处,表孔净宽由 10 m 扩宽为 13 m,后接反弧段与消力池相连。底孔采用弧形工作闸门的有压坝体泄水孔型式,孔口尺寸为 3.0 m×4.5 m,进口底坎高程取为 976.0 m。上游 4.5 m 范围内顶部采用约 1∶3.5 的压坡,出口段后孔口宽度由 3 m 扩散到 10 m,消力池加深 2 m,消力池底板顶高程为 959 m;在原表底孔共用消力池中增加宽度为 2.5 m 的隔墙,使表孔、底孔消能单独消能,池长增加 10.5 m;增加消力池边墙高度,将墙顶高程由原来的 975.0 m

调整为 977.0 m。表、底孔池首位置相距 14.55 m。尾坎顶高程 968.5 m，顶宽 2 m，上游为直立式，下游坡比 1∶1，坎后设混凝土防冲板，顶高程为 967.5 m。

1. 表孔泄流能力

泄流能力根据《混凝土重力坝设计规范》（SL 319—2005）附录 A.3 公式计算：

$$Q = cm\varepsilon\sigma_s B\sqrt{2g}\,H_w^{\frac{3}{2}} = MB\sqrt{2g}\,H_w^{\frac{3}{2}} \tag{12-19}$$

式中　Q——流量，$\mathrm{m^3/s}$；

　　　B——溢流堰总宽度；

　　　H_w——计入行进流速的堰上总水头，m；

　　　g——重力加速度，$g = 9.81\ \mathrm{m/s^2}$；

　　　m——实用堰流量系数；

　　　c——上游堰坡影响系数；

　　　ε——侧收缩系数；

　　　σ_s——淹没系数；

　　　M——综合流量系数。

试验对表孔敞泄时的过流能力进行观测，即控制下游水位对不同流量进行试验，得出敞泄工况下表孔上游水位与流量关系。试验数据见表 12-16，表孔上游水位与流量之间的关系曲线如图 12-44 所示。

表 12-16　　　　　　　　　　表孔敞泄试验数据表

流量 $Q(\mathrm{m^3/s})$	53.56	144.51	361.69	539.17	707.11	890.95
上游水位 $H(\mathrm{m})$ （桩号 L0−150）	1 020.995	1 022.855	1 025.870	1 027.805	1 029.390	1 030.915

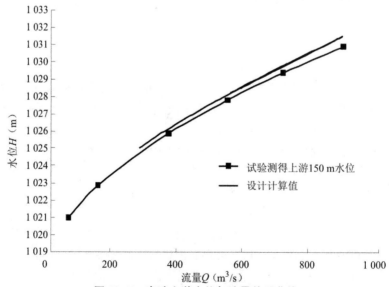

图 12-44　表孔上游水位与流量关系曲线

从图 12-44 可以看出，当上游水位为设计水位（$H = 1\ 028.24\ \mathrm{m}$）时，实测下泄流量为

583.26 m³/s,比设计计算值 550.4 m³/s 大 5.97%,按相应公式计算的综合流量系数为 0.469;当上游水位为校核水位($H=1\,029.94$ m)时,实测下泄流量为 771.00 m³/s,比设计计算值 721.4 m³/s 大 19.15%,按相应公式计算的综合流量系数为 0.481。说明表孔的设计规模满足泄量要求。

2.底孔泄流能力试验

底孔泄流能力计算公式如下:

$$Q=\sigma_s \mu eB\sqrt{2gH_0} \tag{12-20}$$

式中　Q——流量,m³/s;

　　　B——孔口宽度,m;

　　　H_0——计入行进流速的闸前水头,m;

　　　g——重力加速度,$g=9.81$ m/s²;

　　　σ_s——淹没系数;

　　　μ——闸孔流量系数。

通过多组试验,得出底孔敞泄运行时上游水位与流量关系曲线,如图 12-45 所示,底孔实验数据见表 12-17。

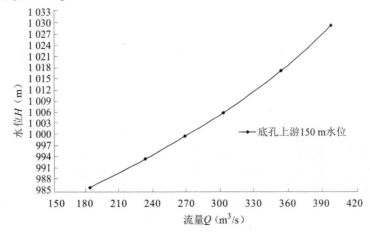

图 12-45　底孔上游水位与流量关系曲线

表 12-17　　　　　　　　　　　　底孔敞泄试验数据表

流量 Q(m³/s)	181.37	230.69	266.05	299.81	350.99	395.80
上游水位 H(m) (桩号 L0-150)	986.425	994.165	1 000.445	1 006.795	1 018.235	1 030.690

从图 12-45 可以看出,当上游水位为设计水位($H=1\,028.24$ m)时,实测下泄流量为 387.50 m³/s,比设计计算值 329.68 m³/s 大 17.54%,计算求得闸孔流量系数为 0.721;当上游水位为校核水位($H=1\,029.94$ m)时,实测下泄流量为 393.20 m³/s,比设计计算值 334.78 m³/s 大 17.45%,计算求得闸孔流量系数为 0.719。说明底孔的设计规模满足泄量要求。

3.不同试验工况下水流流态、流速分布及水面线

1）50 年一遇洪水工况

50 年一遇洪水工况时，下泄流量 636 m³/s，上游水位 1 028.24 m，此时底孔敞泄流量 387.50 m³/s，表孔控泄，闸门开度为 2 m，电站发电流量 63.9 m³/s。

上游库区水面平稳，表孔水流以 3.94 m/s 的流速进入溢流堰迅速跌落，在边墩末端达到 28.89 m/s，在表孔消力池前约 12.89 m 位置形成淹没式水跃，跃前流速为 36.25 m/s。底孔孔口位置水流流速为 27.51 m/s，在底孔消力池前约 25 m 位置形成水跃进入消力池。水流在底孔消力池内紊动剧烈，掺气明显，水流时而越边墙外翻溢出。表孔消力坎上最大表流速为 5.06 m/s，最大底流速为 5.10 m/s，底孔消力坎上最大表流速为 6.91 m/s，最大底流速为 6.68 m/s。水流出池有一定的跌落，表孔消力坎后约 5 m 处跌落急流速度最大为 4.18 m/s，底孔消力坎后约 15 m 处跌落急流速度最大为 9.39 m/s。防冲板末端断面最大流速为 7.90 m/s，下游桩号 0+250 断面最大流速为 5.58 m/s，下游桩号 0+300 断面最大流速为 5.71 m/s。50 年一遇洪水表、底孔入池和出池水流流态如图 12-46 所示，流速分布和水面线如图 12-47 所示。

图 12-46　50 年一遇洪水表、底孔及消力池内水流流态

2）100 年一遇洪水工况

100 年一遇洪水工况时，下泄流量 726 m³/s，上游水位 1 028.24 m，此时底孔敞泄，表孔控泄，闸门开度为 2.90 m，电站发电流量 63.9 m³/s。

上游库区水面平稳，水流以 3.80 m/s 的流速进入溢流堰迅速跌落，在边墩末端达到 27.58 m/s，在表孔消力池前约 12.90 m 位置形成淹没式水跃，跃前流速为 28.75 m/s。底孔孔口位置水流流速为 28.39 m/s，在底孔消力池前约 28.5 m 位置形成水跃进入消力池。随着流量的加大，水流在底孔消力池内翻滚更加剧烈，水花四溅，不时有水流翻越边墙溢出，水流掺气更加明显。表孔消力坎上最大表流速为 5.52 m/s，最大底流速为 4.75 m/s，底孔消力坎上最大表流速为 6.74 m/s，最大底流速为 5.19 m/s。表孔消力坎后约 10 m 处跌落急流速度最大为 4.50 m/s，底孔消力坎后约 20 m 处跌落急流速度最大为 8.60 m/s。

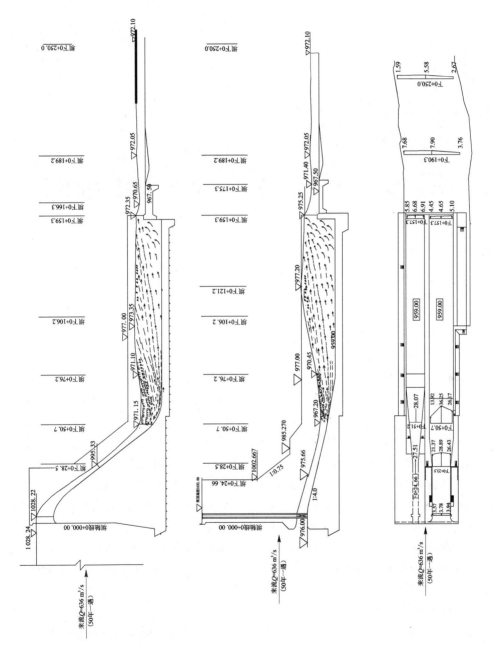

图12-47 50年一遇洪水水面线及流速分布图（消力池底板高程959 m）

图 12-48　100 年一遇洪水表、底孔及消力池内水流流态

防冲板末端断面最大流速为 7.03 m/s,下游桩号 0+250 m 断面最大流速为 5.49 m/s,下游桩号 0+300 m 断面最大流速为 5.15 m/s,100 年一遇洪水表、底孔及消力池内水流流态如图 12-48 所示,流速分布和水面线如图 12-49 所示。

3）200 年一遇洪水工况

200 年一遇洪水工况时,下泄流量 816 m³/s,上游水位 1 028.24 m,此时底孔敞泄,表孔控泄,闸门开度为 4.15 m,电站发电流量 63.9 m³/s。

上游库区水面平稳,闸门前水面震荡,表孔水流在检修门槽内产生漩涡,最大以 7.06 m/s 的底流速进入溢流堰迅速跌落,在边墩末端达到 27.25 m/s,在表孔消力池前约 15 m 位置形成淹没式水跃,跃前流速为 40.16 m/s。底孔孔口位置水流流速为 29.60 m/s,在底孔消力池前约 26 m 位置形成水跃进入消力池。随着流量的加大,水流在消力池内翻滚剧烈,水流表面上下起伏波动,水花四溅,水流翻越边墙溢出,出池水流掺气亦明显。表孔消力坎上最大表流速为 6.17 m/s,最大底流速为 5.08 m/s,底孔消力坎上最大表流速为 6.82 m/s,最大底流速为 5.01 m/s,水流出消力池呈表大底小分布。表孔消力坎后约 10 m 处跌落急流速度最大为 5.65 m /s,底孔消力坎后约 17.5 m 处跌落急流速度最大为 7.79 m/s。防冲板末端断面最大流速 6.80 m/s,下游桩号 0+250 m 断面最大流速为 5.18 m/s,下游桩号 0+300 m 断面最大流速为 4.76 m/s,200 年一遇水流流态如图 12-50 所示,流速分布和水面线如图 12-51 所示。

4）1 000 年一遇洪水工况

1 000 年一遇洪水工况时,下泄流量 1 056 m³/s,此时表、底孔均敞泄,电站关闭。实测上游水位 1 028.80 m。

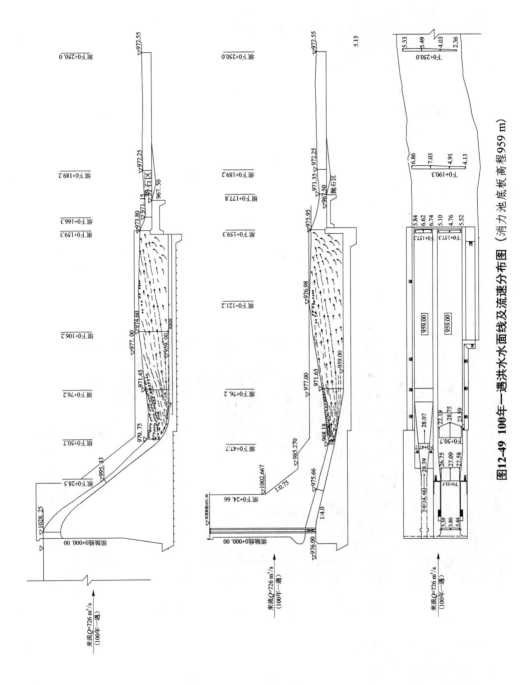

图12-49 100年一遇洪水水面线及流速分布图（消力池底板高程959 m）

图 12-50 200 年一遇洪水表、底孔及消力池内水流流态

上游库区水面平稳,表孔水流平顺地进入溢流堰后急速下跌,由于边墩的绕流影响,在溢流堰内形成菱形波。水流在堰顶最大流速为 10.92 m/s,边墩末端达到 24.07 m/s,在表孔消力池前约 11 m 位置形成水跃,跃前流速为 32.14 m/s。

底孔孔口位置水流流速为 27.77 m/s,在底孔消力池前约 27 m 位置形成水跃进入消力池,随着流量的加大,水流在整个消力池内翻滚剧烈,水花四溅,翻越边墙溢出,出池水流掺气亦明显,尤其表孔水流出池时仍然剧烈紊动,建议加高边墙的高度。表孔消力坎上最大表流速为 6.63 m/s,最大底流速为 6.68 m/s,底孔消力坎上最大表流速为 5.41 m/s,最大底流速为 7.50 m/s。表、底孔水流出池后汇聚在一起,在消力坎后约 17 m 处跌落急流速度最大为 8.82 m/s。防冲板末端断面最大流速为 7.02 m/s,下游桩号 0+250 m 断面最大流速为 6.43 m/s,下游桩号 0+300 断面最大流速为 5.40 m/s。1 000 年一遇洪水水流流态见图 12-52 所示,流速分布和水面线如图 12-53 所示。

图 12-52 1 000 年一遇洪水表、底孔及消力池内水流流态

12.2.4 数学模型试验成果

在优化方案基础上对 100 年一遇洪水、200 年一遇洪水和 1 000 年一遇洪水工况进行数值模拟计算,提取各工况表孔及消力池的水流流态与沿程流速分布情况。

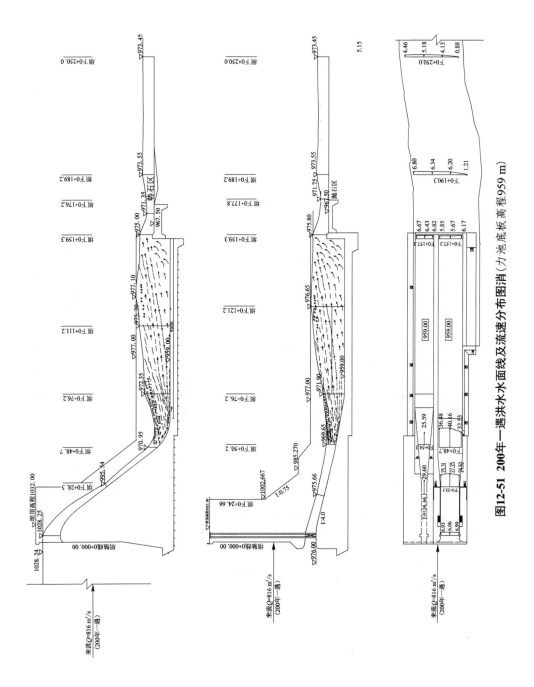

图12-51 200年一遇洪水水面线及流速分布图消（力池底板高程959 m）

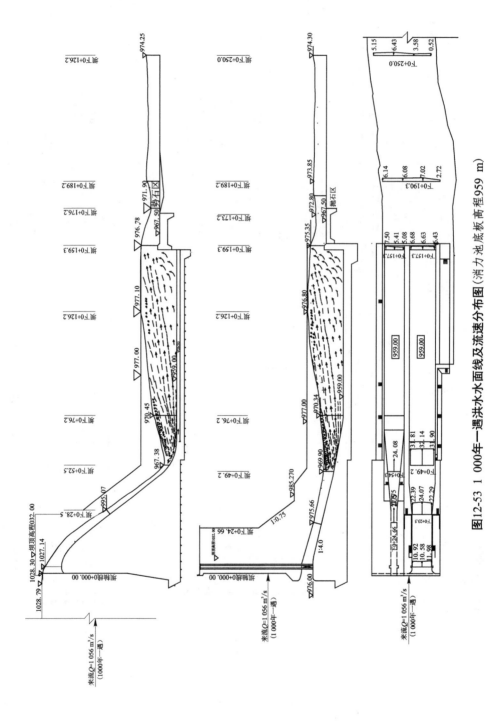

图12-53 1 000年一遇洪水水面线及流速分布图（消力池底板高程959 m）

12.2.4.1　100 年一遇洪水工况

100 年一遇洪水工况时,下泄流量 726 m³/s,上游水位 1 028.24 m,此时底孔敞泄,表孔控泄,闸门开度为 2.90 m,电站发电流量 63.9 m³/s。

上游库区水面平稳,水流进入溢流堰迅速跌落,在表孔消力池前约 12.90 m 位置形成淹没式水跃,在底孔消力池前约 28.5 m 位置形成水跃进入消力池。随着流量的加大,水流在底孔消力池内翻滚更加剧烈,水花四溅,不时有水流翻越边墙溢出,水流掺气更加明显。100 年一遇洪水工况水流流态如图 12-54 所示,沿程流速分布见图 12-55 所示,消力池内流速分布如图 12-56 所示。

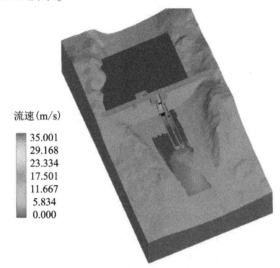

图 12-54　100 年一遇洪水工况水流流态

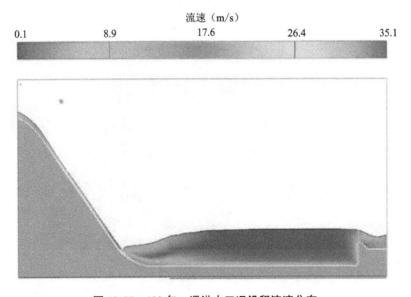

图 12-55　100 年一遇洪水工况沿程流速分布

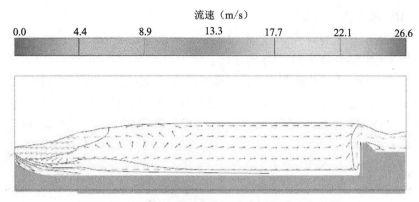

图 12-56　100 年一遇洪水工况消力池剖面流速分布

　　水流在堰顶最大流速为 3.94 m/s,边墩末端达到 11.34 m/s,水流沿堰面急速下泄,在表孔消力池前约 12.90 m 位置形成水跃,跃前流速达到 26.54 m/s。表孔消力坎上最大表流速为 3.48 m/s。底孔孔口位置水流流速为 29.34 m/s,底孔消力坎上最大表流速为 5.83 m/s。表、底孔水流出池后汇聚在一起,在消力坎后跌落急流沿河道流向下游。下游桩号 0+250 断面最大流速为 5.03 m/s,下游桩号 0+300 断面最大流速为 5.05 m/s。

12.2.4.2　200 年一遇洪水工况

　　200 年一遇洪水工况时,下泄流量 816 m³/s,上游水位 1 028.24 m,此时底孔敞泄,表孔控泄,闸门开度为 4.15 m,电站发电流量 63.9 m³/s。

　　此工况下上游库区水面平稳,表孔水流平顺地进入溢流堰后急速下跌进入消力池,由于边墩的绕流影响,在溢流堰内形成菱形波。流量加大,水流在整个消力池内翻滚剧烈,水花四溅,翻越边墙溢出,出池水流掺气亦明显。200 年一遇洪水工况水流流态如图 12-57所示,沿程流速分布如图 12-58 所示,消力池内流速分布如图 12-59 所示。

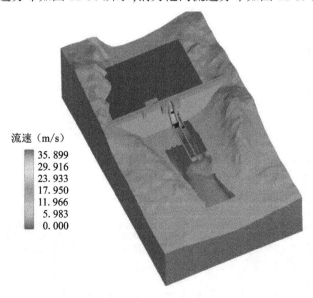

图 12-57　200 年一遇洪水工况水流流态

流速（m/s）

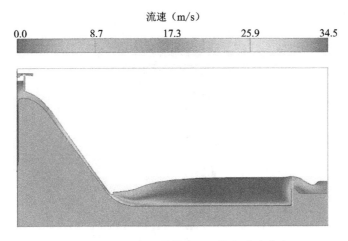

图 12-58　200 年一遇洪水工况沿程流速分布

流速（m/s）

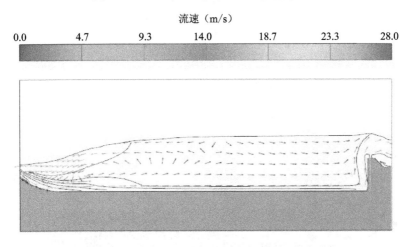

图 12-59　200 年一遇洪水工况消力池剖面流速分布

水流在堰顶最大流速为 4.55 m/s，边墩末端达到 11.62 m/s，水流沿堰面急速下泄，在表孔消力池前约 15.60 m 位置形成水跃，跃前流速达到 22.62 m/s。表孔消力坎上最大表流速为 3.48 m/s。底孔孔口位置水流流速为 30.18 m/s，底孔消力坎上最大表流速为 4.92 m/s。表、底孔水流出池后汇聚在一起，在消力坎后跌落急流沿河道流向下游。下游桩号 0+250 断面最大流速为 5.03 m/s，下游桩号 0+300 断面最大流速为 5.21 m/s。

12.2.4.3　1 000 年一遇洪水工况

1 000 年一遇洪水工况时，下泄流量 1 056 m³/s，此时表、底孔均敞泄，电站关闭。上游水位 1 028.80 m。

此工况下上游库区水面平稳，表孔水流平顺的进入溢流堰后急速下跌进入消力池，由于边墩的绕流影响，在溢流堰内形成菱形波。随着流量的加大，水流在整个消力池内翻滚剧烈，水花四溅，翻越边墙溢出，出池水流掺气亦明显，尤其表孔水流出池时仍然剧烈紊动，建议加高边墙的高度。1 000 年一遇洪水工况水流流态如图 12-60 所示，沿程流速分布如图 12-61 所示，消力池内流速分布如图 12-62 所示。

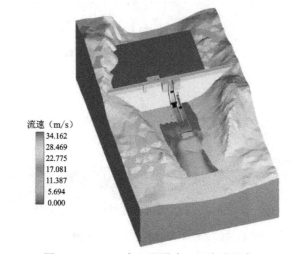

图 12-60 1 000 年一遇洪水工况水流流态

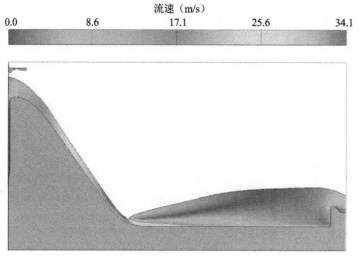

图 12-61 1 000 年一遇洪水工况沿程流速分布

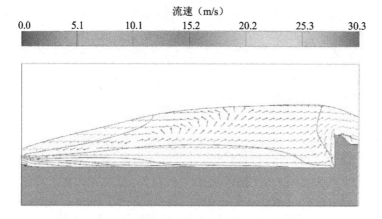

图 12-62 1 000 年一遇洪水工况消力池剖面流速分布

水流在堰顶最大流速为 11.58 m/s,边墩末端达到 23.85 m/s,水流沿堰面急速下泄,在表孔消力池前约 10.50 m 位置形成水跃,跃前流速达到 30.30 m/s。表孔消力坎上最大表流速为 4.76 m/s。底孔孔口位置水流流速为 29.93 m/s,底孔消力坎上最大表流速为 5.31 m/s。表、底孔水流出池后汇聚在一起,在消力坎后跌落急流沿河道流向下游。下游桩号 0+250 断面最大流速为 6.58 m/s,下游桩号 0+300 断面最大流速为 5.54 m/s。

12.2.5 物理模型和数值模拟对比分析

对 SETH 水电站各工况分别进行了物理模型试验和数值模拟,现将模型试验成果与数值计算模拟结果分别进行对比分析。

根据 100 年一遇洪水、200 年一遇洪水和 1 000 年一遇洪水 3 种工况的物理模型试验成果和数值模拟计算成果,分别提取沿程各测点桩号位置的流速大小进行对比分析,见表 12-18 和如图 12-63 所示。

表 12-18　　　　　　　　　　各工况沿程流速对比分析

测点位置	各试验工况流速 v(m/s)					
	100 年一遇洪水		200 年一遇洪水		1 000 年一遇洪水	
	$v_物$	$v_数$	$v_物$	$v_数$	$v_物$	$v_数$
堰顶(0+000)	3.80	3.94	7.06	4.55	10.92	11.58
0+23.5	27.58	11.34	27.25	11.62	24.07	23.85
0+51.8	28.75	26.54	40.16	22.62	27.77	29.93
0+56.8	28.39	29.34	29.60	30.18	32.14	30.30
0+149.3	5.52	5.83	6.17	4.92	6.63	5.31
0+250	5.49	5.03	5.18	5.03	6.43	6.58
0+300	5.15	5.05	4.76	5.21	5.40	5.54

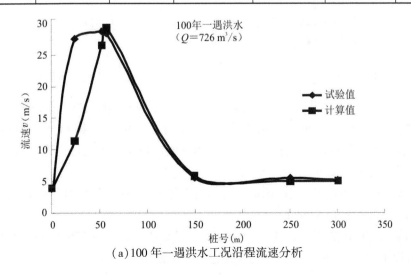

(a)100 年一遇洪水工况沿程流速分析

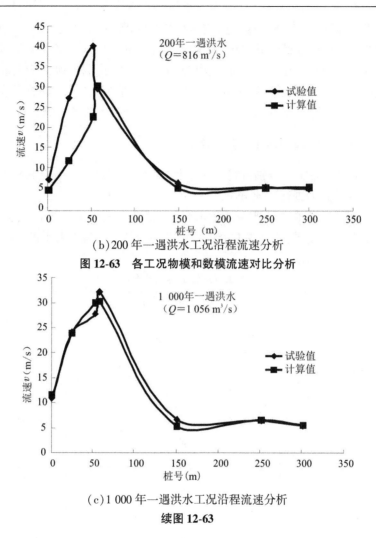

(b)200年一遇洪水工况沿程流速分析

图 12-63 各工况物模和数模流速对比分析

(c)1 000 年一遇洪水工况沿程流速分析

续图 12-63

由表 12-18 和图 12-63 可知,各工况物理模型和数值模拟流速对比分析,堰顶位置和桩号 0+51.8 位置数值模拟计算结果稍小于模型试验成果,但相差不大,其后位置模型试验成果与数值计算成果近似,线变化规律基本一致。

12.2.6 小结

通过整体水工模型试验和数学模型模拟计算,对 SETH 水利枢纽布置方案及各个泄洪消能建筑物的布置形式和结构尺寸的合理性进行了研究验证,得到如下结论:

(1)设计水位和校核水位下,表、底孔实测下泄流量均大于设计计算值,说明表、底孔的设计规模满足泄量要求。。

(2)试验各工况下,表、底孔闸前水流相对平稳,表孔控泄运行时,闸门前水流产生轻微震荡,表、底孔进口体型合理。

(3)消力池出口左岸存在回流,下游河道桩号 0+157.00—0+175.00 河道处有回流,最大回流流速 1~2 m/s,并且未对水流流势造成不良影响。

（4）消能建筑物设计洪水标准时，水流时有翻越边墙溢出，建议加高消力池边墙高度。

（5）试验各洪水标准下方案 2 优于方案 1：消力池形成水跃的跃首位置更靠前；消力池内水流翻滚和消能更充分；水流经翻滚消能后，出池前水流更平稳；水流出池时坎上流速更小。故认为优化方案 2 优于优化方案 1。

（6）表孔闸门的运用方式可参考表孔闸门控泄时水位与流量关系曲线，高水位、大流量、大开度情况下，检修门槽内有明显漩涡产生，闸门前水流发生震荡，建议避免此种闸门运用方式。

（7）通过上述数学模型计算值与物理模型试验值对比分析发现，计算值与实测值基本一致，变化规律基本相同，局部产生较大偏差可能是受现场环境等因素的影响，我们可以认为采用 FLOW-3D 软件可以对 SETH 水电站水力学条件进行模拟。

13　溢洪道泄洪分析

13.1　鸭寨水库溢洪道模型试验研究

13.1.1　工程概况

鸭寨水库工程位于贵州省黔南布依族苗族自治州三都水族自治县(简称三都县)大河镇中江村都江河上,坝址位于都江河与都柳江汇合口上游 7.4 km 处,距离三都县城公路里程约 35 km。

鸭寨水库工程的主要开发任务是向三都县拉揽社区、普安镇、打鱼社区、都江镇、坝街社区等乡(镇)的 7.06 万集镇人口、3.34 万农村人口和交梨工业园供水,兼顾水库下游联江村和中江村的 2 200 亩农田灌溉用水,是一座具有乡镇供水、工业供水和灌溉功能的综合性利用水库。

鸭寨水库校核洪水位为 613.04 m,对应总库容 1 842 万 m³;设计洪水位和正常蓄水位均为 611.5 m,对应库容 1 716.0 万 m³;死水位为 570.0 m,死库容 85 万 m³;调节库容(淤积 20 年)1 600 万 m³。

鸭寨水库工程由首部枢纽和输水工程两部分组成。首部枢纽工程主要由沥青混凝土心墙坝、开敞式溢洪道、取水兼放空建筑物等组成。沥青混凝土心墙堆石坝坝顶高程613.50 m,防浪墙顶高程 615.70 m。坝顶长度 490.0 m,坝顶宽度 10.0 m,最大坝高 68.5 m。泄水建筑物为开敞式正槽溢洪道,布置于左岸,主要由进水渠、控制段、泄槽及消能防冲建筑物等组成。

水库正常蓄水位 611.50 m,设计洪水位($P=2\%$)为 611.50 m 时,溢洪道相应泄量为684.90 m³/s;校核洪水位($P=0.1\%$)为 613.04 m 时,溢洪道相应泄量为 1 027 m³/s。

进水渠进口为圆弧形,底宽 51.00~36.00 m。控制段采用有闸宽顶堰型式,共设 3 孔闸室,每孔闸室净宽 10 m,堰顶高程为 605.50 m,堰长 23 m,边墙顶高程为 614.50 m。泄槽段桩号溢 0+023.00 至桩号溢 0+080.75 段为收缩段,泄槽净宽由 36.0 m 收缩至 25.0 m,收缩角为 5°。泄槽全段无变坡、无转弯,底坡均为 1:3.5。泄槽上设置连续阶梯,每个阶梯长 3.50 m,高 1.0 m。溢洪道采用底流消能方式,消力池紧接泄槽段,消力池形式为下挖式,池长 40.0 m,池深 3.5 m,底板高程 540.0 m。消力池下游接海漫和防冲槽,海漫长 22 m,底板高程 543.5 m,其后接 12.0 m 长抛石防冲槽。

本研究通过建立 1:50 水工模型以及采用流体力学软件 FLOW-3D 建立三维数学模型模拟,采用多种先进量测设备对溢洪道的整体水流流态、水流流速、进水口局部水流现象、下游出池后水流流态等进行精细模拟和研究,优化确定溢洪道型式、尺寸大小、计算测定消力池的消能率、时均压力等参数,为鸭寨水库溢洪道整体设计、建设提供数据支撑和技术参考。

13.1.2　研究内容与技术路线

13.1.2.1　物理模型主要研究内容

通过物理模型试验研究验证枢纽泄水建筑物总体布置的合理性;验证溢洪道体型的合理性;验证溢洪道泄流能力、水面线、上下游流态、消力池后流速等相关技术参数;通过试验验证台阶式泄槽的消能效果;优化消力池等消能建筑物布置,提出建议。

本工程物理模型主要试验内容如下:

(1)测试溢洪道敞泄泄流能力。

(2)测试溢洪道在不同开度下的水位流量关系。

(3)测定溢洪道沿程动水压力分布,判断其气蚀情况。

(4)观测宣泄相应于库水位在 $P = 20\%$、3.33%、2%、0.1%洪水时,溢洪道上下游及泄槽内流态,测定流速分布及水面线。

(5)观测宣泄相应于库水位在 $P = 20\%$、3.33%、2%、0.1%洪水时,溢洪道消能设施的消能及下游冲刷情况。

(6)验证和优化泄水和消能建筑物体形、尺寸(含台阶高度),对溢洪道布置与体型设计优化提出建议意见。

(7)对选定的枢纽布置方案,提出控制段弧门合理的开启运用方式。

13.1.2.2　数学模型主要研究内容

通过运用流体力学软件 FLOW-3D 建立三维数学模型,对不同洪水工况下 $P = 20\%$、3.33%、2%、0.1%进行数值模拟分析,与物理模型的试验成果进行对比论证,从而更加详细地为溢洪道的整体设计提供数据支持与技术参考。

13.1.3　数学模型研究成果

本工程布置包括挡水坝段、溢洪道进水渠、控制段、泄槽段及消能防冲建筑物、尾水渠、下游护坡等。本节运用流体力学软件 FLOW-3D 对不同洪水工况下的溢洪道消能效果进行数值模拟。

13.1.3.1　计算工况

本次数值模拟主要计算了 5 年一遇、30 年一遇、50 年一遇、1 000 年一遇 4 种洪水工况下溢洪道泄洪消能情况,计算工况见表 13-1。

表 13-1　　　　　　　　　　　　　　　计算工况

洪水重现期	下泄流量(m³/s)	下游水位	运行条件
5 年一遇	291.0	544.105	3 孔闸门控泄($e = 1.525$ m)
30 年一遇	600.2	544.920	3 孔闸门控泄($e = 3.41$ m)
50 年一遇	685.0	545.053	3 孔闸门敞泄
1 000 年一遇	1 018.5	545.500	3 孔闸门敞泄

13.1.3.2　网格划分及边界条件

本次数值模拟计算区域主要包括溢洪道整体及消能建筑物、坝轴线上游库区 170 m

与下游河道 500 m 的范围。网格划分采用笛卡儿正交结构网格,上游库区网格大小为 1 m,溢洪道进口段、控制段、泄槽段、消能防冲建筑物、尾水渠、下游护坡的网格大小均为 0.5 m,网格总数约 1 127 万个。计算模型与整体网格划分如图 13-1 所示,局部网格划分如图 13-2 所示。

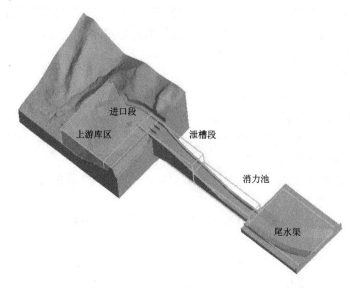

图 13-1　计算模型与网格划分

图 13-2　局部网格划分

上游库区距坝轴线 170 m 断面设为进流边界,进流边界条件按对应工况给定进口流量;下游河道距坝轴线500 m断面为出流边界,出流边界条件按相应工况给定下游水位;固体边界采用无滑移条件;液面为自由表面。计算初始时刻在溢洪道上游库区及下游河道设置相应水位高度的初始水体,以加快水流的稳定。模拟结束条件设定为300 s,流体设置为不可压缩流体。

13.1.3.3 流态及流速计算成果

根据5年一遇、30年一遇、50年一遇、1 000年一遇4种工况的数值计算结果,分别提取不同工况下溢洪道的泄洪消能流态与沿程流速分布情况。

1.5年一遇洪水工况

5年一遇洪水工况时,下泄流量为291 m³/s,溢洪道3孔闸门控泄,上游水位为正常蓄水位611.50 m,此时闸门开度约为1.525 m。

上游库区水面平稳,水流经过右岸圆弧形裹头挡墙平稳地进入引水渠,经过控制段出口迅速跌入泄槽段,经过渐变段后快速下泄,流速逐渐增大,进入消力池后剧烈翻滚,产生明显的水跃,随后经过防冲槽逐渐扩散,进入下游尾水渠。该工况泄洪消能流态如图13-3~图13-6所示。

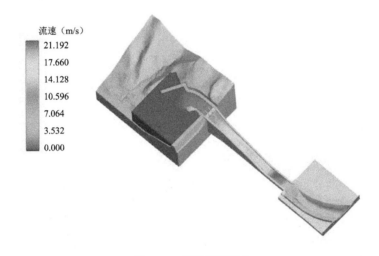

图 13-3 泄洪消能流态

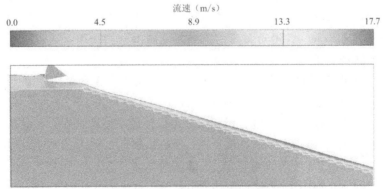

图 13-4 进口控制段、泄槽段流速分布图

流速（m/s）

0.06   0.74   1.42   2.10   2.78   3.46   4.15

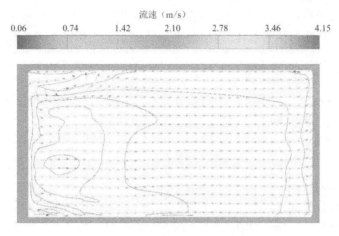

图 13-5   消力池流速分布平面图

流速（m/s）

0.0   3.0   6.0   9.0   12.0   15.0   18.0

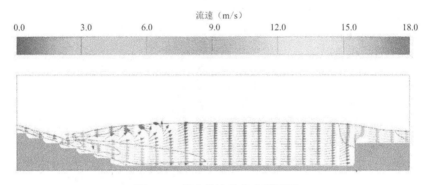

图 13-6   消力池流速分布断面图

水流经过右岸圆弧形裹头挡墙进入混凝土护坦时的最大流速为 1.46 m/s,进入闸室的最大流速为 1.92 m/s,出闸室的最大流速为 9.78 m/s,随后迅速跌入泄槽收缩段,收缩段末端最大流速为 14.72 m/s,泄槽中间段最大流速为 15.12 m/s,水流平稳快速地进入消力池,产生明显的水跃,消力池坎上最大流速为 4.47 m/s,之后进入混凝土海漫,水流经抛石防冲槽逐渐扩散,此时最大流速为 6.46 m/s,防冲槽后 40 m 处最大流速为 5.39 m/s、80 m 处最大流速为 4.56 m/s、130 m 处最大流速为 4.41 m/s。

2.30 年一遇洪水工况

30 年一遇洪水工况时,下泄流量为 600.2 m³/s,溢洪道 3 孔闸门控泄,上游水位为正常蓄水位 611.50 m,此时闸门开度约为 3.41 m。

上游库区水面平稳,水流经过右岸圆弧形裹头挡墙平稳地进入引水渠,经过控制段出口迅速跌入泄槽段,经过渐变段后快速下泄,流速逐渐增大,进入消力池后剧烈翻滚,产生明显的水跃,随后经过防冲槽逐渐扩散,水流在尾水渠内横向分布均匀,主流偏向右岸。该工况泄洪消能流态如图 13-7~图 13-10 所示。

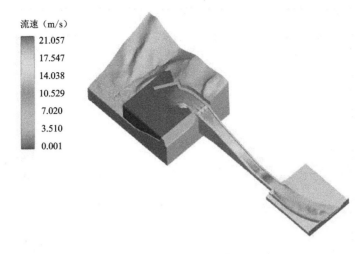

图 13-7 泄洪消能流态

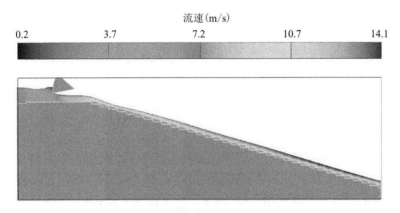

图 13-8 进口控制段、泄槽段流速分布图

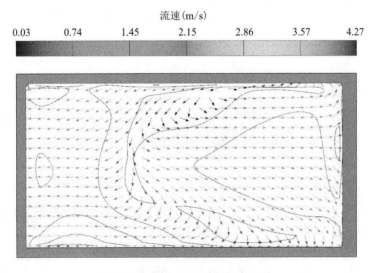

图 13-9 消力池流速分布平面图

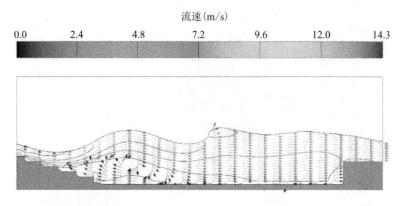

图 13-10　消力池流速分布断面图

水流经过右岸圆弧形裹头挡墙进入混凝土护坦时的最大流速为 2.73 m/s,进入闸室最大流速为 3.46 m/s,出闸室最大流速为 9.51 m/s,随后迅速跌入泄槽收缩段,收缩段末端最大流速为 14.26 m/s,泄槽中间段最大流速为 15.78 m/s,水流平稳快速地进入消力池,产生明显的水跃,消力池坎上最大流速为 5.97 m/s,之后进入混凝土海漫,水流经抛石防冲槽逐渐扩散,此时最大流速为 8.66 m/s,防冲槽后 40 m 处最大流速为 8.49 m/s、80 m 处最大流速为 6.51 m/s、130 m 处最大流速为 6.64 m/s。

3.50 年一遇洪水工况

50 年一遇设计洪水工况时,下泄流量为 685 m³/s,溢洪道闸门敞泄,上游水位为设计水位 611.50 m。

上游库区水面平稳,水流经过右岸圆弧形裹头挡墙平稳地进入引水渠,经过控制段出口迅速跌入泄槽段,经过渐变段后快速下泄,流速逐渐增大,进入消力池后剧烈翻滚,产生明显的水跃,随后经过防冲槽逐渐扩散,迅速进入下游尾水渠,此时水面波动十分剧烈,主流偏向右岸。该工况泄洪消能流态如图 13-11~图 13-14 所示。

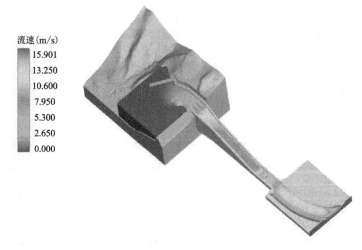

图 13-11　泄洪消能流态

流速(m/s)

0.3   4.1   7.9   11.7   15.5

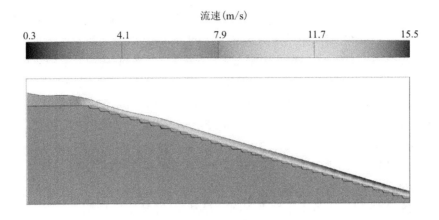

图 13-12   进口控制段、泄槽段流速分布图

流速(m/s)

0.01   0.74   1.48   2.21   2.94   3.67   4.40

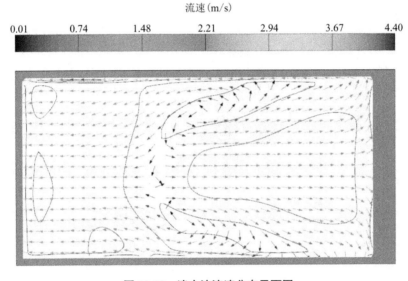

图 13-13   消力池流速分布平面图

流速(m/s)

0.0   2.4   4.8   7.1   9.5   11.9   14.2

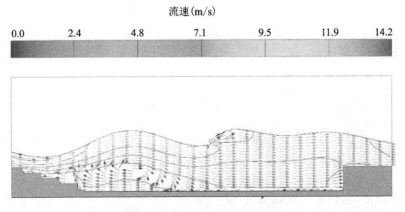

图 13-14   消力池流速分布断面图

水流经过右岸圆弧形裹头挡墙进入混凝土护坦时的最大流速为 3.59 m/s,进入闸室的最大流速为 4.37 m/s,出闸室的最大流速为 7.98 m/s,随后迅速跌入泄槽收缩段。收缩段末端最大流速为 12.76 m/s,泄槽中间段最大流速为 15.78 m/s,水流平稳快速地进入消力池,产生明显的水跃,消力池坎上最大流速为 6.21 m/s,之后进入混凝土海漫,水流经抛石防冲槽逐渐扩散,此时最大流速为 8.93 m/s。防冲槽后 40 m 处最大流速为 9.12 m/s、80 m 处最大流速为 7.16 m/s、130 m 处最大流速为 6.89 m/s,主流偏向右岸。

4.1 000 年一遇洪水工况

1 000 年一遇校核洪水工况时,下泄流量为 1 018.5 m³/s,溢洪道闸门敞泄,上游水位为校核水位 613.04 m。

上游库区水面平稳,水流平稳地进入闸室控制段,经渐变段后快速下泄,流速逐渐增大,进入消力池后剧烈翻滚,产生明显的水跃,水流经抛石防冲槽逐渐扩散,此处以急流状态进入下游尾水渠,在尾水渠内横向分布均匀,水面波动十分剧烈,主流偏向右岸。该工况泄洪消能流态如图 13-15~图 13-18 所示。

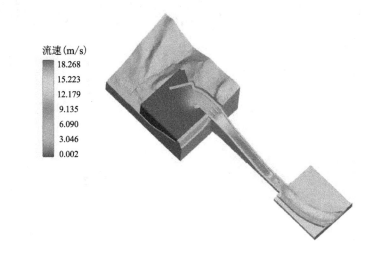

图 13-15　泄洪消能流态

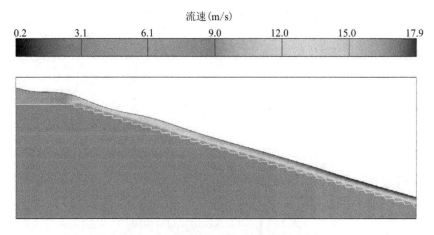

图 13-16　控制段、泄槽段流速分布图

流速(m/s)

0.0　　　1.6　　　3.1　　　4.7　　　6.2　　　7.8　　　9.4

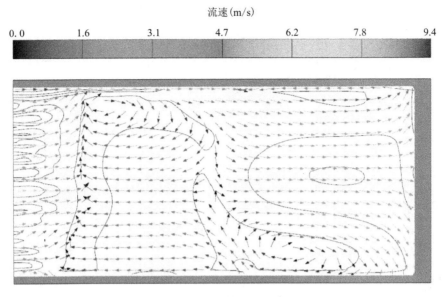

图 13-17　消力池流速分布平面图

流速(m/s)

0.1　　　3.0　　　5.9　　　8.8　　　11.7　　　14.6　　　17.4

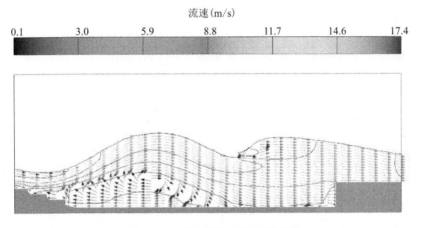

图 13-18　消力池流速分布断面图

水流经过右岸圆弧形裹头挡墙进入混凝土护坦时的最大流速为 3.99 m/s,进入闸室的最大流速为 4.96 m/s,出闸室的最大流速为 9.11 m/s,随后迅速跌入泄槽收缩段,收缩段末端的最大流速为 15.51 m/s,泄槽中间段最大流速为 17.06 m/s,水流平稳快速地进入消力池,产生明显的水跃,消力池坎上最大流速为 7.17 m/s,之后进入混凝土海漫,水流经抛石防冲槽逐渐扩散,此时最大流速为 10.43 m/s。防冲槽后 40 m 处最大流速为 11.30 m/s、80 m 处最大流速为 7.56 m/s、130 m 处最大流速为 7.89 m/s,主流偏向右岸。

13.1.3.4　压力计算成果

沿溢洪道台阶泄槽段中心线选取 16 个测点,测点均位于台阶平面中间位置。数学模型进行了以下 4 种试验工况的计算:5 年一遇洪水工况、30 年一遇洪水工况、50 年一遇洪水工况、1 000 年一遇洪水工况。各个工况计算的压力测点分布情况如图 13-19 所示和见表 13-2。

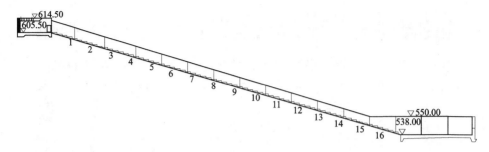

图 13-19 压力测点分布图 （高程单位:m）

表 13-2 溢洪道沿程压力分布

测点编号	测点高程（m）	各试验工况压力（kPa）			
		5 年一遇洪水（291 m³/s）	30 年一遇洪水（600.2 m³/s）	50 年一遇洪水（685 m³/s）	1 000 年一遇洪水（1 018.5 m³/s）
1	602.5	25.12	24.87	26.81	34.51
2	598.5	26.41	26.39	29.75	35.33
3	594.5	28.43	29.87	33.63	39.97
4	590.5	29.13	29.94	33.52	40.36
5	586.5	30.36	31.06	34.59	41.02
6	582.5	29.79	31.75	35.83	42.95
7	578.5	29.16	31.20	35.64	43.72
8	574.5	29.87	31.01	34.98	41.33
9	570.5	29.54	31.67	34.32	42.15
10	566.5	30.12	31.85	34.80	41.84
11	562.5	29.89	31.40	34.64	43.09
12	558.5	30.49	31.30	34.41	42.05
13	554.5	30.78	31.30	34.62	41.51
14	550.5	30.32	31.51	34.53	41.39
15	546.5	30.98	31.74	34.41	41.41
16	542.5	31.21	35.18	37.40	41.36

由计算结果可以看出:5 年一遇洪水工况下,压力最大值发生在 16 测点,最大值为 31.21 kPa。30 年一遇洪水工况下,压力最大值发生在 16 测点,最大值为 35.18 kPa。50 年一遇洪水工况下,压力最大值发生在 16 测点,最大值为 37.40 kPa。1 000 年一遇洪水工况下,压力最大值发生在 7 测点,最大值为 43.72 kPa。4 种工况下溢洪道台阶上压力沿程变化不大,未有负压产生。

13.1.3.5 水面线计算成果

根据 5 年一遇、30 年一遇、50 年一遇、1 000 年一遇 4 种工况下的数学模型计算结果,提取台阶溢洪道纵向中心线沿程水面高程值,不同工况下水面线分布情况见表 13-3 和如图 13-20~图 13-23 所示。

表 13-3　水面线分布表

单位:m

测点编号	桩号	不同试验工况下水深、水面高程									
		5 年一遇洪水		30 年一遇洪水		50 年一遇洪水		1 000 年一遇洪水	
		水深	水面高程	水深	水面高程	水深	水面高程	水深	水面高程
1	0+000	6.34	611.84	5.81	611.31	4.97	610.47	7.03	612.53
2	0+023	1.00	606.50	2.39	607.89	2.98	608.48	3.82	609.32
3	0+058	0.96	597.46	2.46	598.96	2.78	599.28	3.61	600.11
4	0+093	1.05	587.55	2.46	588.96	2.68	589.18	3.28	589.78
5	0+128	1.18	577.68	2.30	578.80	2.44	578.94	2.97	579.47
6	0+163	1.00	567.50	2.39	568.89	2.59	569.09	3.16	569.66
7	0+198	1.10	557.60	2.38	558.88	2.60	559.10	3.09	559.59
8	0+233	1.00	547.50	2.41	548.91	2.59	549.09	3.10	549.60
9	0+257.5	4.66	544.16	5.27	544.77	6.18	545.68	4.48	543.98
10	0+262.5	5.97	543.97	6.53	544.53	7.45	545.45	5.76	543.76
11	0+280	6.45	544.45	7.14	545.14	7.23	545.23	8.92	546.92
12	0+307.25	4.75	547.25	6.29	548.79	6.21	548.71	9.13	551.63

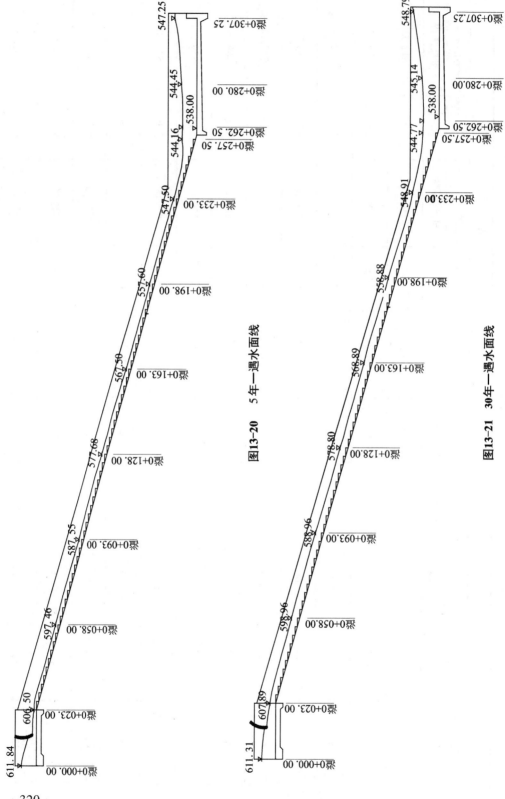

图13-20　5年一遇水面线

图13-21　30年一遇水面线

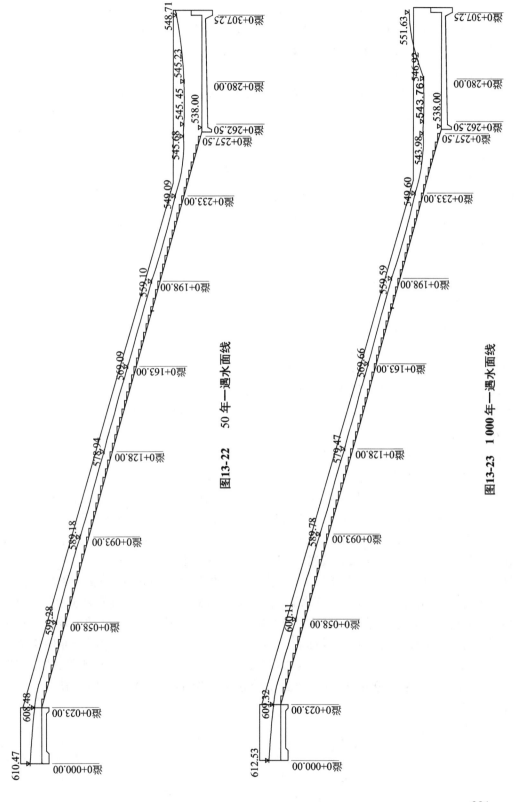

图13-22　50年一遇水面线

图13-23　1000年一遇水面线

从计算结果可以看出 4 种不同工况下水面线的变化规律基本一致,泄槽段各台阶上水深沿程变化不大,5 年一遇洪水工况台阶水深在 0.96～1.18 m 之间波动,30 年一遇洪水工况台阶水深在 2.30～2.46 m 之间波动,50 年一遇洪水工况台阶水深在 2.44～2.98 m 之间波动,1 000 年一遇洪水工况台阶水深在 2.97～3.82 m 之间波动。水流进入消力池段水深由浅变深,迅速增大,产生淹没式或较大的水跃现象,充分消能。

13.1.4 物理模型研究成果

13.1.4.1 模型设计

根据任务书技术要求,结合试验供水条件及场地条件,确定模型为正态模型,几何比尺为 $\alpha_l = \alpha_h = 50$。水流运动主要作用力是重力,因此模型按重力相似准则设计,保持原型、模型佛汝德数相等。根据重力相似准则,相应的流量比尺、流速比尺、糙率比尺和时间比尺如下:

流量比尺:$\alpha_Q = \alpha_l^{5/2} = 17\ 677.67$;

流速比尺:$\alpha_v = \alpha_l^{1/2} = 7.07$;

糙率比尺:$\alpha_n = \alpha_l^{1/6} = 1.92$;

时间比尺:$\alpha_t = \alpha_l^{1/2} = 7.07$。

考虑上、下游的水流相似,模型试验范围包括坝轴线上游 280.00 m 内的地形(高程模拟到 613.50 m);下游 580.00 m 内的地形(高程模拟到 548.00 m)。该河段包含部分挡水坝段、溢洪道进水渠、控制段、泄槽及消能防冲建筑物、尾水渠、下游护坡等。上游水位测点位置:坝上 WS0-50;下游水位测点位置:坝下 WS0+500.00。模型布置图如图 13-24 所示。

13.1.4.2 不同工况下流速、流态特征

1.5 年一遇洪水工况

5 年一遇洪水工况时,下泄流量为 291 m³/s,溢洪道 3 孔闸门控泄,上游水位为正常蓄水位 611.50 m,此时闸门开度约为 1.525 m。通过试验观测,上游库区水面平稳,水流进入混凝土护坦时的最大流速为 1.47 m/s,进入闸室段最大流速为 2 m/s,出闸室段最大流速为 9.25 m/s,收缩段末端最大流速为 13.77 m/s。此时溢洪道底部的台阶上便开始产生气泡,随着水流向下运动,从台阶某一点后气泡明显增加,水流便进入了强迫掺气,水流与沿程水气充分掺混形成稳定的掺气水流,水流沿程紊动不断加剧,充分发展的掺气水流平稳快速地进入消力池,产生明显的水跃,水流在消力池内翻滚剧烈,消能效果较好。水流经过消力池坎上最大流速为 4.86 m/s,之后进入混凝土海漫,水流经抛石防冲槽逐渐扩散,此时最大流速为 5.97 m/s。经过 1:23 护底后水流平稳地进入下游尾水渠,防冲槽后 40 m 处最大流速为 4.99 m/s,80 m 处最大流速为 4.24 m/s,130 m 处最大流速为 4.33 m/s。

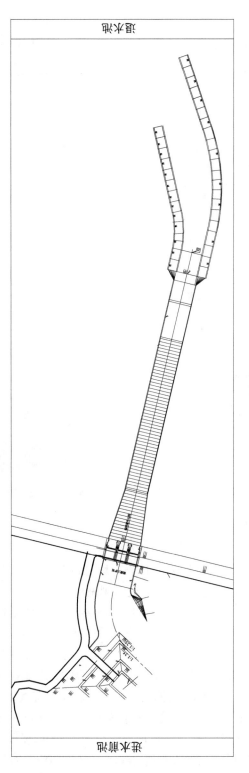

图13-24　模型布置图

5年一遇洪水工况时引水渠、泄槽段、消力池、台阶上水流流态如图 13-25~图 13-28 所示。

图 13-25 5年一遇洪水引水渠水流流态

图 13-26 5年一遇洪水泄槽段水流流态

图 13-27 5年一遇洪水消力池水流流态

图 13-28 5年一遇洪水溢洪道台阶水流流态

2.30 年一遇洪水工况

30 年一遇洪水工况时,下泄流量为 600.2 m³/s,溢洪道 3 孔闸门控泄,上游水位为正常蓄水位 611.50 m,此时闸门开度约为 3.41 m。通过试验观测,上游库区水面平稳,水流进入混凝土护坦时的最大流速为 2.48 m/s,进入闸室段最大流速为 3.64 m/s,出闸室段最大流速为 9.55 m/s,收缩段末端最大流速为 15.56 m/s。溢洪道底部的台阶上开始产生气泡,从台阶某一点后气泡明显增加,水流便进入了强迫掺气,水流沿程紊动不断加剧,充分发展的掺气水流平稳快速地进入消力池,产生明显的水跃,水流在池中剧烈翻滚,水流经过消力池坎上最大流速为 5.48 m/s,之后进入混凝土海漫,水流经抛石防冲槽逐渐扩散,此时最大流速为 8.09 m/s。经过 1:23 护底后水流以急流状态进入下游尾水渠,防冲槽后 40 m 处最大流速为 8.12 m/s,80 m 处最大流速为 6.32 m/s,130 m 处最大流速为 6.95 m/s。从尾水渠初始到起弧段,水流在尾水渠内横向分布均匀,起弧段开始主流偏向右岸。

30 年一遇洪水工况时引水渠、泄槽段、消力池、台阶上水流流态如图 13-29~图 13-32 所示。

图 13-29　30 年一遇洪水引水渠水流流态

图 13-30　30 年一遇洪水泄槽段水流流态

图 13-31　30 年一遇洪水消力池水流流态

图 13-32　30 年一遇洪水尾水渠水流流态

3.50 年一遇洪水工况

50 年一遇设计洪水工况时,下泄流量为 685 m³/s,溢洪道闸门敞泄,实测上游水位为 611.45 m。通过试验观测,上游库区水面平稳,水流经过右岸圆弧形裹头挡墙平稳地进入引水渠,未产生明显的阻水绕流现象,但水面有轻微的波动,波动水深为 0.15 m。水流进入混凝土护坦时的最大流速为 3.50 m/s,进入闸室段最大流速为 5.01 m/s,出闸室段最大流速为 8.41 m/s,渐变段末端的最大流速为 13.89 m/s。随着流量的增加,水流掺气起始点位置逐渐后移,使掺气越发不充分、前期水流紊动不剧烈,掺气现象随水流下泄流量的增加而变得愈加不明显。掺气水流快速进入消力池,在消力池内剧烈翻滚,池内水花四溅,水流在消力池内充分消能,经过消力池坎上的最大流速为 6.47 m/s。之后进入混凝土海漫,水流经抛石防冲槽迅速扩散,此时最大流速为 8.53 m/s。经过 1:23 护底水流以急流状态进入下游尾水渠,此时水面波动十分剧烈,水流流速较大,防冲槽后 40 m 处最大流速为 8.73 m/s,80 m 处最大流速为 6.95 m/s,130 m 处最大流速为 6.67 m/s,主流偏向右岸。

50 年一遇洪水工况时引水渠、泄槽段、消力池、尾水渠水流对右岸护坡的冲刷情况如

图 13-33～图 13-36 所示。

图 13-33　50 年一遇洪水引水渠水流流态

图 13-34　50 年一遇洪水泄槽段水流流态

图 13-35　50 年一遇洪水消力池水流流态

图 13-36　50 年一遇洪水尾水渠水流流态

4.1 000 年一遇洪水工况

1 000 年一遇校核洪水工况时,下泄流量为 1 018.5 m³/s,溢洪道闸门敞泄,实测上游水位为 613.23 m。通过试验观测,水流经过右岸圆弧形裹头挡墙时产生轻微的阻水绕流现象,波动水深为 0.25 m。水流进入混凝土护坦时的最大流速为 4.14 m/s,进入闸室段最大流速为 5.79 m/s,出闸室段最大流速为 9.56 m/s,收缩段末端最大流速为 14.90 m/s。由于流量很大,几乎观察不到掺气现象,水面明显变得粗糙,消能效果不明显,水流快速进入消力池,在消力池内剧烈翻滚,池内水花四溅,掺气明显,水流基本能在消力池内充分消能,经过消力池坎上的最大流速为 7.64 m/s。之后进入混凝土海漫,水流经抛石防冲槽迅速扩散,此时最大流速为 9.44 m/s。经过 1:23 护底水流以急流状态进入下游尾水渠,此时水面波动十分剧烈,水中掺杂着空气,防冲槽后 40 m 处最大流速为 9.77 m/s,80 m 处最大流速为 7.14 m/s,130 m 处最大流速为 7.22 m/s,主流偏向右岸,向右岸挤压。

1 000 年一遇洪水工况时引水渠、泄槽段、消力池、尾水渠水流对右岸护坡的冲刷情况如图 13-37～图 13-40 所示。

图 13-37　1 000 年一遇洪水引水渠水流流态　图 13-38　1 000 年一遇洪水泄槽段水流流态

图 13-39　1 000 年一遇洪水消力池水流流态　图 13-40　1 000 年一遇洪水尾水渠水流流态

13.1.4.3　压力试验成果

沿溢洪道台阶泄槽段中心线布设 16 个测点,测点均位于台阶平面中间位置。试验进行了以下 4 种工况的测定:5 年一遇洪水工况、30 年一遇洪水工况、50 年一遇洪水工况、1 000 年一遇洪水工况。各个工况测定的压力分布情况如图 13-41 所示和见表 13-4。

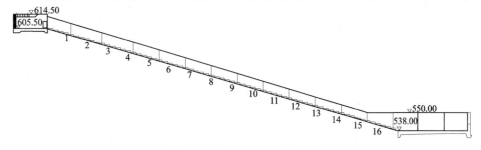

图 13-41　溢洪道压力布点图

由试验结果可以看出,5 年一遇洪水工况下,压力最大值发生在 13 测点,最大值为32.98 kPa。30 年一遇洪水工况下,压力最大值发生在 9 测点,最大值为 34.78 kPa。50 年一遇洪水工况下,压力最大值发生在 15 测点,最大值为 37.98 kPa。1 000 年一遇洪水工况下,压力最大值发生在 11 测点,最大值为 43.95 kPa。4 种工况下溢洪道台阶上压力均为正值,未有负压现象产生。

13.1.4.4 水面线试验成果

根据 5 年一遇、30 年一遇、50 年一遇、1 000 年一遇 4 种工况下的物理模型试验结果,提取台阶溢洪道纵向中心线沿程水面高程值,不同工况下水面线分布情况见表 13-5 和如图 13-42~图 13-45 所示。

从试验结果可以看出 4 种不同工况下水面线的变化规律基本一致,台阶式溢洪道上的滑行水流,在经过几级台阶后,即变为正常水深的均匀流,水深沿程变化不大。5 年一遇洪水工况台阶水深在 1.27~1.82 m 之间波动,30 年一遇洪水工况台阶水深在 2.16~2.42 m 之间波动,50 年一遇洪水工况台阶水深在 2.42~2.93 m 之间波动,1 000 年一遇洪水工况台阶水深在 2.11~3.01 m 之间波动。水流进入消力池段水面波动较大,产生淹没式或较大的水跃现象。

表 13-4 溢洪道压力数值表

测点编号	测点高程(m)	各试验工况压力(kPa)			
		5 年一遇洪水(291 m³/s)	30 年一遇洪水(600.2 m³/s)	50 年一遇洪水(685 m³/s)	1 000 年一遇洪水(1 018.5 m³/s)
1	602.5	24.99	26.46	27.44	35.28
2	598.5	25.92	28.96	29.89	35.83
3	594.5	26.46	29.78	32.34	36.26
4	590.5	26.42	32.15	33.24	38.06
5	586.5	28.15	31.76	33.16	40.12
6	582.5	30.63	32.56	34.69	41.85
7	578.5	31.31	32.89	35.89	42.61
8	574.5	32.13	33.45	36.21	42.14
9	570.5	31.26	34.78	36.75	43.76
10	566.5	30.61	33.69	35.11	42.85
11	562.5	31.32	33.92	36.23	43.95
12	558.5	31.74	32.42	36.98	42.17
13	554.5	32.98	33.64	36.87	42.87
14	550.5	31.12	33.55	37.84	43.56
15	546.5	32.42	32.71	37.98	43.74
16	542.5	32.67	34.59	37.22	42.66

13.1.5 成果对比分析

13.1.5.1 流速成果对比分析

根据 5 年一遇、30 年一遇、50 年一遇、1 000 年一遇 4 种工况下的数学模型计算结果及物理模型试验成果,沿溢洪道泄洪中心线分别提取不同工况下各测点桩号位置的流速大小进行对比分析,具体流速测点分布如图 13-46 所示。

表13-5　水面线分布表

不同试验工况下水深、水面高程　　　　　　　　　　　单位:m

测点编号	桩号	5年一遇洪水		30年一遇洪水		50年一遇洪水		1 000年一遇洪水	
		水深	水面高程	水深	水面高程	水深	水面高程	水深	水面高程
1	0+000.00	5.50	611.00	6.00	611.50	4.74	610.24	6.85	612.35
2	0+023.00	1.00	606.50	2.40	607.90	2.93	608.43	4.21	609.71
3	0+058.00	1.61	598.11	2.29	598.79	2.50	599.00	3.01	599.51
4	0+093.00	1.64	588.14	2.42	588.92	2.42	588.92	3.04	589.54
5	0+128.00	1.64	578.14	2.16	578.66	2.60	579.13	3.27	579.77
6	0+163.00	1.82	568.32	2.42	568.92	2.83	569.33	2.96	569.46
7	0+198.00	1.60	558.10	2.18	558.68	2.71	559.21	2.11	558.61
8	0+233.00	1.27	547.77	2.00	548.50	2.30	548.80	1.85	548.35
9	0+257.5.00	3.61	543.11	4.25	543.75	5.60	545.12	3.58	543.08
10	0+262.5	4.52	542.52	5.35	543.35	6.20	544.20	4.76	542.76
11	0+280.00	5.03	543.03	5.96	543.96	6.55	544.55	7.56	545.56
12	0+307.25	3.99	546.49	5.90	548.40	5.96	548.46	8.05	550.55

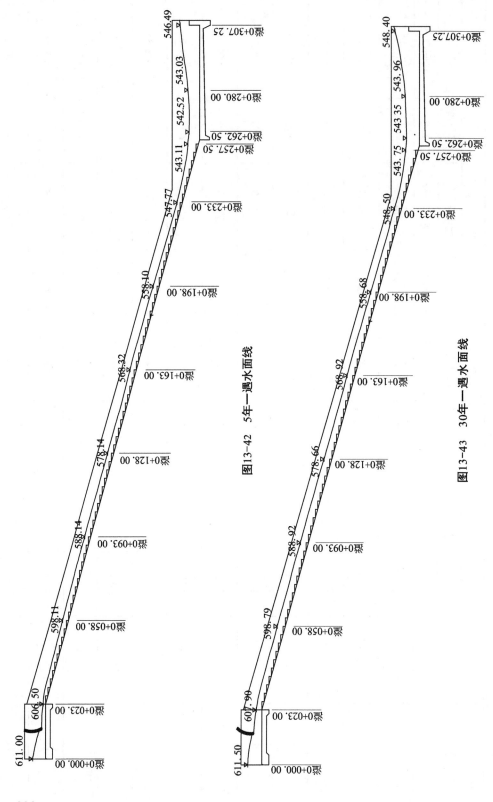

图13-42　5年一遇水面线

图13-43　30年一遇水面线

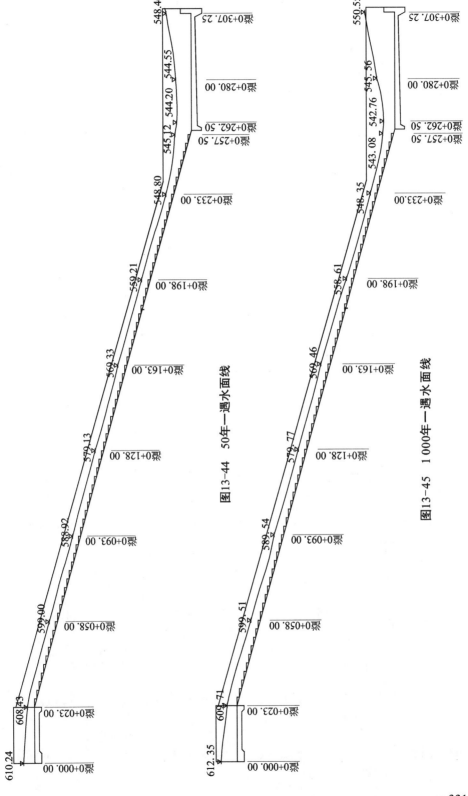

图13-44 50年一遇水面线

图13-45 1 000年一遇水面线

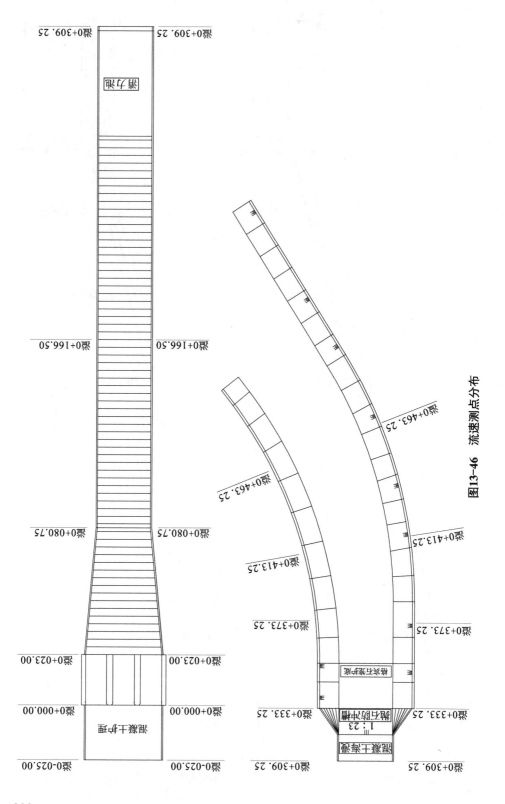

图13-46 流速测点分布

1.5 年一遇洪水工况

5 年一遇洪水工况时,下泄流量为 291 m^3/s,溢洪道 3 孔闸门控泄,上游水位为正常蓄水位 611.50 m,此时闸门开度为 1.525 m。该工况下通过数模计算与物模试验得出的沿程流速分布见表 13-6 和如图 13-47 所示。

表 13-6   5 年一遇洪水工况沿程流速分布

测点编号	断面	$v_{数}$(m/s)	$v_{物}$(m/s)
1	0−025	1.46	1.47
2	0+000	1.92	2.00
3	0+023	9.78	9.25
4	0+80.75	14.72	13.77
5	0+166.50	15.12	13.85
6	0+309.25	4.47	4.86
7	0+333.25	6.46	5.97
8	0+373.25	5.39	4.99
9	0+413.25	4.56	4.24
10	0+463.25	4.41	4.33

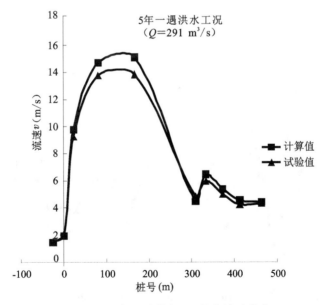

图 13-47　5 年一遇洪水工况沿程流速分布

由图 13-47 中可知引水渠、闸室段计算流速与实测流速十分接近,水流进入泄槽段后流速逐渐增大,渐变段末端的计算流速和实测流速分别为 14.72 m/s 和 13.77 m/s,泄槽段中间的计算流速和实测流速分别为 15.12 m/s 和 13.85 m/s,随后水流进入消力池,流速减小,消能充分。在 1:23 抛石防冲槽位置流速略有增大,随后进入下游尾水渠,流速逐渐减小直至平稳。两种曲线的变化规律一致。

2.30 年一遇洪水工况

30 年一遇洪水工况时,下泄流量为 600.2 m^3/s,溢洪道 3 孔闸门控泄,上游水位为正常蓄水位 611.50 m,此时闸门开度为 3.41 m。此工况下通过数模计算与物模试验得出的沿程流速分布见表 13-7 和如图 13-48 所示。

表 13-7 　　　　　　　　　　30 年一遇洪水工况沿程流速分布

测点编号	断面	$v_数$(m/s)	$v_物$(m/s)
1	0-025	2.73	2.48
2	0+000	3.46	3.64
3	0+023	9.15	9.55
4	0+80.75	14.26	15.56
5	0+166.50	15.78	17.36
6	0+309.25	5.97	5.48
7	0+333.25	8.66	8.09
8	0+373.25	8.49	8.12
9	0+413.25	6.51	6.32
10	0+463.25	6.64	6.95

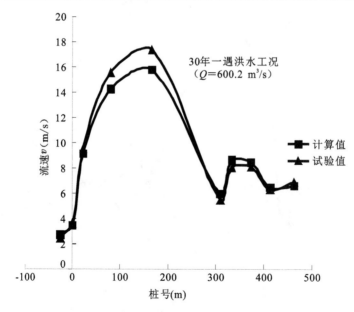

图 13-48　30 年一遇洪水工况沿程流速分布

由图 13-48 可知,溢洪道沿程流速计算值与实测值相近,变化规律一致,在引水渠、闸室段位置流速较小,进入泄槽段后流速逐渐增大,渐变段末端的计算流速为 14.26 m/s、实测流速为 15.56 m/s;泄槽段中间的计算流速为 15.78 m/s、实测流速为 17.36 m/s;随后水流进入消力池,在消力池内旋滚掺气消能,消力池下游流速明显减小,仅在1∶23抛石防冲槽位置流速略有增大。

3.50年一遇洪水工况

50年一遇设计洪水工况时,下泄流量为685 m³/s,溢洪道闸门敞泄,上游水位为设计水位611.50 m。此工况下通过数模计算与物模试验得出的沿程流速分布见表13-8和如图13-49所示。

表13-8 50年一遇洪水工况沿程流速分布

测点编号	断面	$v_数$(m/s)	$v_物$(m/s)
1	0−025	3.59	3.50
2	0+000	4.37	5.01
3	0+023	7.98	8.41
4	0+80.75	12.76	13.89
5	0+166.50	15.78	16.86
6	0+309.25	6.21	6.47
7	0+333.25	8.93	8.53
8	0+373.25	9.12	8.73
9	0+413.25	7.16	6.95
10	0+463.25	6.89	6.67

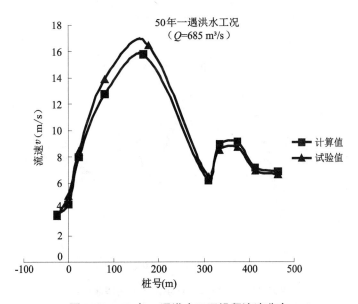

图13-49 50年一遇洪水工况沿程流速分布

由图13-49可知引水渠、闸室段流速较小,两者流速十分接近。水流进入泄槽段后流速突然增大,渐变段末端的计算流速和实测流速分别为12.76 m/s和13.89 m/s,泄槽段中间的计算流速和实测流速分别为 15.78 m/s 和 16.86 m/s,掺气水流快速进入消力池,在池内剧烈翻滚、水花四溅、充分消能,经 1:23 抛石防冲槽流速略有增大,随后水流流速逐渐减小直至平稳。两种曲线的变化规律一致。

4.1 000 年一遇洪水工况

1 000 年一遇校核洪水工况时,下泄流量为 1 018.5 m³/s,溢洪道闸门敞泄,上游水位为校核水位 613.04 m。此工况下通过数模计算与物模试验得出的沿程流速分布见表 13-9 和如图 13-50 所示。

表 13-9　　　　　　　　1 000 年一遇洪水工况沿程流速分布

测点编号	断面	$v_{数}$(m/s)	$v_{物}$(m/s)
1	0−025	3.99	4.14
2	0+000	4.96	5.79
3	0+023	9.11	9.56
4	0+80.75	15.51	14.90
5	0+166.50	17.06	17.97
6	0+309.25	7.17	7.64
7	0+333.25	10.43	9.44
8	0+373.25	11.30	9.77
9	0+413.25	7.56	7.14
10	0+463.25	7.89	7.22

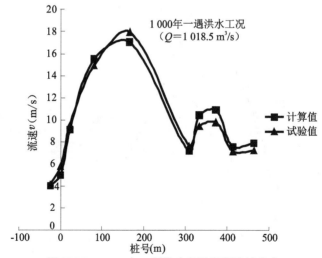

图 13-50　1 000 年一遇洪水工况沿程流速分布

由图 13-50 可知两种曲线的变化规律一致。引水渠、闸室段、泄槽渐变段末端的流速十分接近。泄槽段中间流速值差距较大,计算流速为 17.06 m/s、实测流速为 17.97 m/s,随后水流进入消力池,在池内剧烈翻滚,掺气明显。经 1:23 抛石防冲槽时流速略有增大,主流偏向右岸,向右岸挤压,产生大范围的回流区域,下游尾水渠内流速差异较明显。

13.1.5.2　压力成果对比分析

　　根据 5 年一遇、30 年一遇、50 年一遇、1 000 年一遇 4 种工况下的数学模型计算结果及物理模型试验成果,沿溢洪道泄洪中心线选取 16 个测点,测点均位于台阶平面中间位置,分别提取不同工况下各测点的压力大小进行对比分析,具体压力测点分布见图 13-51 所示。

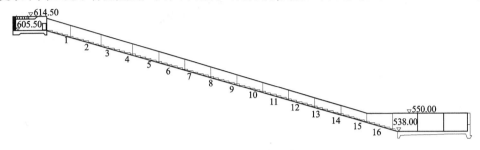

图 13-51　压力测点分布图

1.5 年一遇洪水工况

　　5 年一遇洪水工况时,下泄流量为 291 m³/s,溢洪道 3 孔闸门控泄,上游水位为正常蓄水位 611.50 m,此时闸门开度约为 1.525 m。此工况下通过建立数学模型与物理模型所得出沿程压力分布见表 13-10 和如图 13-52 所示。

表 13-10　5 年一遇洪水工况沿程压力分布

测点号	测点高程(m)	$P_{数}$(kPa)	$P_{物}$(kPa)
1	602.5	25.12	24.99
2	598.5	26.41	25.92
3	594.5	28.43	26.46
4	590.5	29.13	26.42
5	586.5	30.36	28.15
6	582.5	29.79	30.63
7	578.5	29.16	31.31
8	574.5	29.87	32.13
9	570.5	29.54	31.26
10	566.5	30.12	30.61
11	562.5	29.89	31.32
12	558.5	30.49	31.74
13	554.5	30.78	32.98
14	550.5	30.32	31.12
15	546.5	30.98	32.42
16	542.5	31.21	32.67

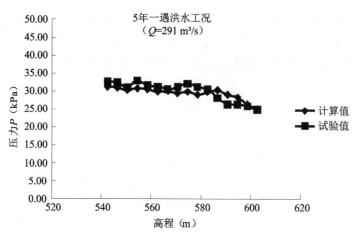

图 13-52　5 年一遇洪水工况沿程压力分布

由图 13-52 可以看出台阶初始段压力的计算值略大于试验值,随着水流沿程不断下泄,试验值大于计算值。台阶压力沿程变化不大,比较稳定。计算压力在 25.12～31.21 kPa 之间波动,最大压力发生在第 16 测点,测点高程为 542.5 m。实测压力在 24.99～32.98 kPa 之间波动,最大压力发生在第 13 测点,测点高程为 554.5 m。

2.30 年一遇洪水工况

30 年一遇洪水工况时,下泄流量为 600.2 m³/s,溢洪道 3 孔闸门控泄,上游水位为正常蓄水位 611.50 m,此时闸门开度约为 3.41 m。此工况下通过建立数学模型与物理模型所得出沿程压力分布见表 13-11 和如图 13-53 所示。

表 13-11　　　　　　　　　　30 年一遇洪水工况沿程压力分布

测点号	测点高程(m)	$P_{数}$(kPa)	$P_{物}$(kPa)
1	602.5	24.87	26.46
2	598.5	26.39	28.96
3	594.5	29.87	29.78
4	590.5	29.94	32.15
5	586.5	31.06	31.76
6	582.5	31.75	32.56
7	578.5	31.20	32.89
8	574.5	31.01	33.45
9	570.5	31.67	34.78
10	566.5	31.85	33.69
11	562.5	31.40	33.92
12	558.5	31.30	32.42
13	554.5	31.30	33.64
14	550.5	31.51	33.55
15	546.5	31.74	32.71
16	542.5	35.18	34.59

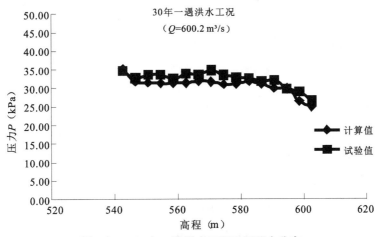

图 13-53 30 年一遇洪水工况沿程压力分布

由图 13-53 可以看出压力的试验值比计算值要稍大一些,变化规律相似。台阶压力沿程变化比较稳定,随着水流的下泄逐渐增大直至平稳。计算压力最大值为 35.18 kPa,实测压力最大值为 34.59 kPa。两者的最大压力发生在同一位置,都是在第 16 测点,台阶高程为 542.5 m。

3.50 年一遇洪水工况

50 年一遇设计洪水工况时,下泄流量为 685 m³/s,溢洪道闸门敞泄,上游水位为设计水位 611.50 m。此工况下通过建立数学模型与物理模型所得出沿程压力分布见表 13-12 和如图 13-54 所示。

表 13-12　　　　　　　　　　　50 年一遇洪水工况沿程压力分布

测点号	测点高程(m)	$P_数$(kPa)	$P_物$(kPa)
1	602.5	26.81	27.44
2	598.5	29.75	29.89
3	594.5	33.63	32.34
4	590.5	33.52	33.24
5	586.5	34.59	33.16
6	582.5	35.83	34.69
7	578.5	35.64	35.89
8	574.5	34.98	36.21
9	570.5	34.32	36.75
10	566.5	34.80	35.11
11	562.5	34.64	36.23
12	558.5	34.41	36.98
13	554.5	34.62	36.87
14	550.5	34.53	37.84
15	546.5	34.41	37.98
16	542.5	37.40	37.22

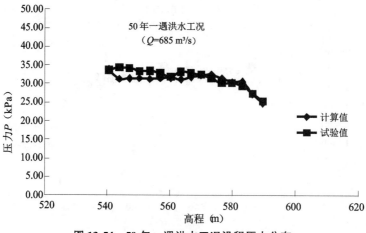

图 13-54 50 年一遇洪水工况沿程压力分布

由图 13-54 可以看出台阶前半段测点的计算值和实测值相近,台阶后半段试验值略大于计算值,整体的变化规律都是压力沿程逐渐变大后趋于平稳。计算最大值发生在第16 测点,最大压力为 37.40 kPa,测点高程为 542.5 m。实测最大值发生在第 15 测点,最大压力为 37.98 kPa,测点高程为 546.5 m。两种曲线变化规律相似。

4.1 000 年一遇洪水工况

1 000 年一遇校核洪水工况时,下泄流量为 1 018.5 m³/s,溢洪道闸门敞泄,上游水位为校核水位 613.04 m。此工况下通过建立数学模型与物理模型所得出沿程压力分布见表 13-13 和如图 13-55 所示。

表 13-13 1 000 年一遇洪水工况沿程压力分布

测点号	测点高程(m)	$P_{数}$(kPa)	$P_{物}$(kPa)
1	602.5	34.51	35.28
2	598.5	35.33	35.83
3	594.5	39.97	36.26
4	590.5	40.36	38.06
5	586.5	41.02	40.12
6	582.5	42.95	41.85
7	578.5	43.72	42.61
8	574.5	41.33	42.14
9	570.5	42.15	43.76
10	566.5	41.84	42.85
11	562.5	43.09	43.95
12	558.5	42.05	42.17
13	554.5	41.51	42.87
14	550.5	41.39	43.56
15	546.5	41.41	43.74
16	542.5	41.36	42.66

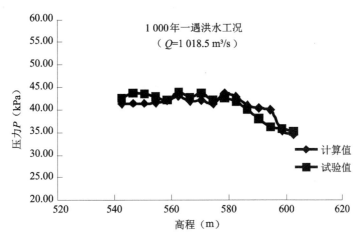

图 13-55   1 000 年一遇洪水工况沿程压力分布

由图 13-55 可以看出大多数测点的计算值和实测值相近,两者的变化规律相似。台阶前半段压力的计算值大于试验值,压力都是逐渐增大的。随着水流沿程不断下泄,台阶后半段压力的试验值略大于计算值并逐渐趋于稳定。计算最大值发生在第 7 测点,最大压力为 43.72 kPa,测点高程为 578.5 m。实测最大值发生在第 11 测点,最大压力为 43.95 kPa,测点高程为 562.5 m。

13.1.5.3   水面线成果对比分析

根据 5 年一遇、30 年一遇、50 年一遇、1 000 年一遇 4 种工况下的数学模型计算结果及物理模型试验成果,提取台阶溢洪道中心线上的沿程水深、水面高程值进行比较分析,水面线测点桩号分布如图 13-56 所示。

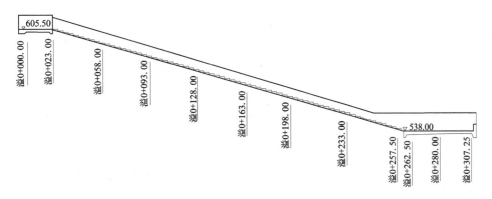

图 13-56   溢洪道水面线布点图

1.5 年一遇洪水工况

5 年一遇洪水工况时,下泄流量为 291 m³/s,溢洪道 3 孔闸门控泄,上游水位为正常蓄水位 611.50 m,此时闸门开度约为 1.525 m。此工况下通过建立数学模型与物理模型所得出的水面线分布见表 13-14 和如图 13-57 所示。

表 13-14 5 年一遇洪水工况水面线分布表

测点编号	桩号	5 年一遇洪水工况($Q=291\ \text{m}^3/\text{s}$)			
		计算值		实测值	
		水深(m)	水面高程(m)	水深(m)	水面高程(m)
1	0+000	6.34	611.84	5.50	611.00
2	0+023	1.00	606.50	1.00	606.50
3	0+058	0.96	597.46	1.61	598.11
4	0+093	1.05	587.55	1.64	588.14
5	0+128	1.18	577.68	1.64	578.14
6	0+163	1.00	567.50	1.82	568.32
7	0+198	1.10	557.60	1.60	558.10
8	0+233	1.00	547.50	1.27	547.77
9	0+257.5	4.66	544.16	3.61	543.11
10	0+262.5	5.97	543.97	4.52	542.52
11	0+280	6.45	544.45	5.03	543.03
12	0+307.25	4.75	547.25	3.99	546.49

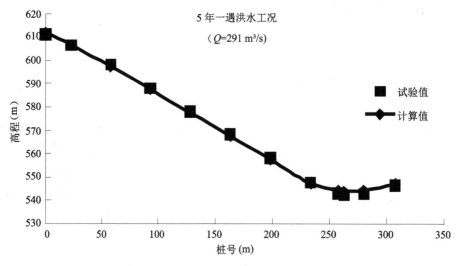

图 13-57 5 年一遇洪水工况水面线分布图

由图 13-57 可以看出计算所得的水面线与实测水面线基本吻合。溢洪道台阶上水深沿程变化不大,台阶上计算水深在 0.96～1.18 m 之间波动,实测水深在 1.00～1.82 m 之间波动,水面线高程沿程逐渐降低。水流进入消力池后,计算得出的水深、水面线与实测值稍有差别,计算值比实测值稍大。

2.30 年一遇洪水工况

30 年一遇洪水工况时,下泄流量为 600.2 m³/s,溢洪道 3 孔闸门控泄,上游水位为正常蓄水位 611.50 m,此时闸门开度约为 3.41 m。此工况下通过建立数学模型与物理模型所得出的水面线分布见表 13-15 和如图 13-58 所示。

表 13-15　　　　　　　　　　　　　30 年一遇洪水工况水面线分布表

测点编号	桩号	30 年一遇洪水工况 ($Q=600.2$ m³/s)			
		计算值		实测值	
		水深(m)	水面高程(m)	水深(m)	水面高程(m)
1	0+000	5.81	611.31	6.00	611.50
2	0+023	2.39	607.89	2.4	607.90
3	0+058	2.46	598.96	2.29	598.79
4	0+093	2.46	588.96	2.42	588.92
5	0+128	2.30	578.80	2.16	578.66
6	0+163	2.39	568.89	2.42	568.92
7	0+198	2.38	558.88	2.18	558.68
8	0+233	2.41	548.91	2.00	548.50
9	0+257.5	5.27	544.77	4.25	543.75
10	0+262.5	6.53	544.53	5.35	543.35
11	0+280	7.14	545.14	5.96	543.96
12	0+307.25	6.29	548.79	5.9	548.40

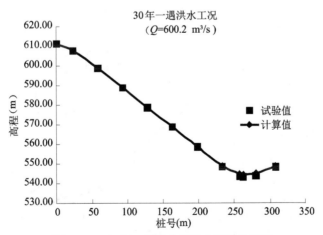

图 13-58　30 年一遇洪水工况水面线分布图

由图 13-58 可以看出计算所得的水面线与实测水面线变化规律一致,溢洪道台阶上水深沿程变化比较稳定,计算水深在 2.30~2.46 m 之间波动,实测水深在 2.00~2.42 m 之

间波动,相比 5 年一遇洪水工况水深有所增大。水流进入消力池后,水流剧烈翻滚并产生
水跃,计算得出的水深、水面线与实测值稍有差别,计算值比实测值稍大一些。

3.50 年一遇洪水工况

50 年一遇设计洪水工况时,下泄流量为 685 m³/s,溢洪道闸门敞泄,上游水位为设计水位
611.50 m。此工况下通过建立数学模型与物理模型所得出的水面线分布见表 13-16 和如图 13-
59 所示。

表 13-16   50 年一遇洪水工况水面线分布表

测点编号	桩号	50 年一遇洪水工况($Q = 685$ m³/s)			
		计算值		实测值	
		水深(m)	水面高程(m)	水深(m)	水面高程(m)
1	0+000	4.97	610.47	4.74	610.24
2	0+023	2.98	608.48	2.93	608.43
3	0+058	2.78	599.28	2.50	599.00
4	0+093	2.68	589.18	2.42	588.92
5	0+128	2.44	578.94	2.60	579.13
6	0+163	2.59	569.09	2.83	569.33
7	0+198	2.60	559.10	2.71	559.21
8	0+233	2.59	549.09	2.30	548.80
9	0+257.5	6.18	545.68	5.60	545.12
10	0+262.5	7.45	545.45	6.20	544.20
11	0+280	7.23	545.23	6.55	544.55
12	0+307.25	6.21	548.71	5.96	548.46

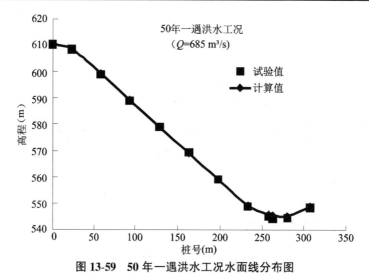

图 13-59 50 年一遇洪水工况水面线分布图

由图 13-59 可以看出计算所得的水面线与实测水面线基本吻合,溢洪道台阶上水深
沿程变化不大,计算水深在 2.44~2.98 m 之间波动,实测水深在 2.30~2.93 m 之间波动,

相比 30 年一遇洪水工况水深有所增大。掺气水流进入消力池后,水流剧烈翻滚,水花四溅,计算得出的水深、水面线与实测值稍有差别,计算值比实测值稍大一些。

4.1 000 年一遇洪水工况

1 000 年一遇校核洪水工况时,下泄流量为 1 018.5 m³/s,溢洪道闸门敞泄,上游水位为校核水位 613.04 m。此工况下通过建立数学模型与物理模型所得出水面线分布见表 13-17 和如图 13-60 所示。

表 13-17 　　　　　　　　　　1 000 年一遇洪水工况水面线分布表

测点编号	桩号	1 000 年一遇洪水工况($Q=1\ 018.5$ m³/s)			
		计算值		实测值	
		水深(m)	水面高程(m)	水深(m)	水面高程(m)
1	0+000	7.03	612.53	6.85	612.35
2	0+023	3.82	609.32	4.21	609.71
3	0+058	3.61	600.11	3.01	599.51
4	0+093	3.28	589.78	3.04	589.54
5	0+128	2.97	579.47	3.27	579.77
6	0+163	3.16	569.66	2.96	569.46
7	0+198	3.09	559.59	2.11	558.61
8	0+233	3.10	549.60	1.85	548.35
9	0+257.5	4.48	543.98	3.58	543.08
10	0+262.5	5.76	543.76	4.76	542.76
11	0+280	8.92	546.92	7.56	545.56
12	0+307.25	9.13	551.63	8.05	550.55

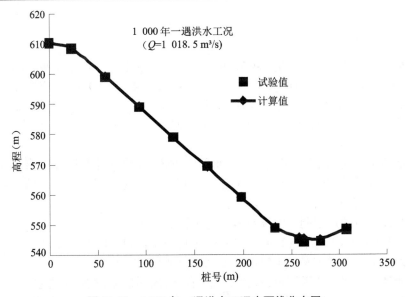

图 13-60　1 000 年一遇洪水工况水面线分布图

由图 13-60 可以看出计算所得的水面线与实测水面线基本吻合,变化规律一致。溢洪道台阶上水深沿程变化较大,计算水深在 2.97~3.82 m 之间波动,实测水深在 1.85~4.21 m 之间波动,相比 50 年一遇洪水工况水深有所增大且波动明显。水流以急流状态进入消力池后产生明显的水跃,掺杂着空气、水滴飞溅,计算得出的水深、水面线与实测值稍有差别,计算值比实测值稍大一些。

13.1.6　结论

通过运用流体力学软件 FLOW-3D 建立三维数学模型,对 5 年一遇洪水工况、30 年一遇洪水工况、50 年一遇洪水工况、1 000 年一遇洪水工况进行数值模拟分析,与物理模型的试验成果进行对比论证,得出以下结论:

(1)溢洪道相同测点的计算流速与实测流速大小基本吻合,流速整体变化规律相似。其中,溢洪道泄槽段流速偏差较大,分析其原因是由于台阶溢洪道上水深较小,水流较薄,数值模拟测点与试验中放置流速仪的位置不完全一致造成的。

(2)溢洪道台阶上相同测点的计算压力与实测压力基本吻合,台阶压力沿程变化不大,比较稳定,未有负压的情况产生。

(3)计算所得的水面线与实测水面线基本吻合,台阶上水深沿程变化不大。水流进入消力池后,计算得出的水深、水面线与实测值稍有差别,计算值比实测值稍大一些,主要是由于水流进入消力池后产生明显的水跃,水流在池内剧烈翻滚、水滴飞溅,要准确地测量水面线十分困难,因此产生偏差。

通过上述数学模型计算值与物理模型试验值对比分析发现,计算值与实测值基本一致,变化规律基本相同,局部产生较大偏差可能是受现场环境等因素的影响,我们可以认为采用 FLOW-3D 软件可以对鸭寨水库溢洪道水力学条件进行精准模拟。

13.2　帕古水库溢洪道数模物模比较分析

13.2.1　工程概况

帕古水库坝址位于拉萨市尼木县帕古乡彭岗村帕普组帕布曲中下游,帕古水库正常蓄水位 4 550.00 m,相应原始库容 1 241 万 m³;死水位 4 514.00 m,相应原始库容 49 万 m³;设计洪水位 4 551.09 m,校核洪水位 4 551.51 m,水库总库容 1 367 万 m³;调节库容 1 191 万 m³,具有年调节性能。水库开发任务为城乡生活和工业供水、农业灌溉等综合利用。

帕古水库工程河床布置拦河坝,右岸布置溢洪道,左岸导流洞改建为有压输水洞,隧洞末端接供水管、灌溉补水管、放空和生态基流管。大坝为沥青混凝土心墙堆石坝,最大坝高 58.5 m。工程施工总工期为 34 个月。

根据初设阶段的规划调洪演算对泄水建筑物泄流能力的要求:

(1)校核洪水位(P=0.1%):4 551.51 m;相应下泄流量 105.7 m³/s。

(2)设计洪水位(P=2%):4 551.09 m;相应下泄流量 65.2 m³/s。

水库泄洪采用岸坡式溢洪道,布置于大坝右岸,采用挑流消能,由进水渠、控制段(闸室段)、泄槽段、挑流鼻坎段、护坦段等组成,全长 653 m。进水渠底板高程 4548.00 m,长约 257.5 m,底宽 29.0 m;控制段长 10.0 m,堰型为 WES 曲线实用堰,堰顶高程 4 550.00 m,无闸门控制,每孔净宽 9.0 m,共 3 孔;控制段后为泄槽段,全长 374 m,渐变段长度为 44 m,宽度由 29 m 渐变至 16 m。泄槽段分为缓坡段和陡槽段,桩号 YHD0+008.00—YHD0+295.00 缓坡段纵坡比为 1:1 000,水平投影长 287 m,在缓坡段设置 1 处平面转弯,第 1 处转角 46.3°,泄槽中心线转弯半径 100 m;桩号 YHD0+295.00—YHD0+382.00 陡槽段纵坡比为 1:2.5,水平投影长 87 m;泄槽采用 U 形槽断面,边墙高 2.0m,厚度 1.0 m。U 形槽上部采用格宾护坡,厚 0.3 m,坡比为 1:2.0,护砌高度为 5.0 m,护坡下部布设一层反滤土工布。泄槽末端设反弧段与挑流鼻坎衔接。挑流鼻坎段水平投影长 7.5 m,反弧半径 3.0 m,挑射角 25°,挑流鼻坎高程 4 513.44 m。为防止小流量洪水对挑流鼻坎基础的淘刷,鼻坎后设护坦防护,护坦长 6.0 m,厚 0.5 m。

本研究通过建立 1:40 水工模型以及采用流体力学软件 FlOW-3D 建立三维数学模型模拟,采用多种先进量测设备对溢洪道的整体水流流态、水流流速、进水口局部水流现象、下游出池后水流流态等进行精细模拟和研究,优化确定溢洪道型式、尺寸大小、计算测定消力池的消能率、时均压力等参数,为帕古水库溢洪道整体设计、建设提供数据支撑和技术参考。

13.2.2 研究内容与技术路线

13.2.2.1 物理模型主要研究内容

通过模型试验,验证泄水建筑物总体布置的合理性;验证溢洪道泄流能力、沿程流速、水面线、上下游流态、挑距及挑坎后冲刷形态等相关技术参数;优化溢洪道净宽、边墙高度,提出优化建议。

本工程物理模型主要试验内容如下:

(1)验证溢洪道的过流能力。

(2)测定泄槽段沿程动水压力分布。

(3)观测宣泄相应于库水位 $P=5\%$、2%、0.1% 洪水时,溢洪道上下游及泄槽内流态,测定流速分布及水面线。

(4)观测宣泄相应于库水位 $P=5\%$、2%、0.1% 洪水时,溢洪道消能设施的消能及下游冲刷情况。

(5)验证和优化溢洪道及消能建筑物体形、尺寸,对溢洪道布置与体型设计优化提出建议意见。

13.2.2.2 数学模型主要研究内容

通过运用流体力学软件 FLOW-3D 建立三维数学模型,对不同洪水工况下 $P=5\%$、2%、0.1% 进行数值模拟分析,与物理模型的试验成果进行对比论证,从而更加详细地为溢洪道的整体设计提供数据支持与技术参考。

13.2.3 数学模型研究成果

本工程布置包括溢洪道进水渠、闸室控制段、泄槽段、挑流鼻坎段及护坦段等。本节运用流体力学软件 FLOW-3D 对不同洪水工况下的溢洪道消能效果进行数值模拟。

13.2.3.1 计算工况

本次数值模拟主要计算了 20 年一遇洪水、50 年一遇(设计洪水)、1 000 年一遇(校核洪水)3 种工况下溢洪道泄洪消能情况,计算工况见表 13-18。

表 13-18 计算工况

洪水重现期	下泄流量(m³/s)	运行条件
20 年一遇	53.3	敞泄
50 年一遇	65.2	敞泄
1 000 年一遇	105.7	敞泄

13.2.3.2 网格划分及边界条件

本次数值模拟计算区域主要包括溢洪道进水渠、闸室控制段、泄槽段、挑流鼻坎段及护坦段等。网格划分采用笛卡儿正交结构网格,除闸室段、陡槽段网格大小为 0.25 m 以外,其余部分网格大小均为 0.5 m,有效网格总数约 1 082 万个。计算模型与整体网格划分见图 13-61,局部网格划分如图 13-62 所示。

图 13-61 计算模型与网格划分

固体边界采用无滑移条件;液面为自由表面。计算初始时刻在溢洪道上游库区及下游河道设置相应水位高度的初始水体,以加快水流的稳定。模拟结束条件设定为 300 s,流体设置为不可压缩流体。

13.2.3.3 流态及流速计算成果

根据 20 年一遇、50 年一遇、1 000 年一遇 3 种工况的数值计算结果,分别提取这 3 种工况下溢洪道的泄洪消能流态与沿程流速分布情况。

图 13-62 局部网格划分

1.20 年一遇洪水工况

20 年一遇洪水工况时,下泄流量为 53.3 m³/s,库区水面平稳,溢洪道敞泄,上游水位为设计水位 4 551.01 m。

库区水面平稳,水流经进口土渠段流入石笼护底段,之后水流经闸室控制段进入渐变段,此时水面壅高明显,水面波动幅度明显,水流出渐变段经转弯段急速跌入泄槽段,经挑流鼻坎段后,形成挑流,跌落在护坦后连接高程为 4 511.44 m 的原地形开挖平台上。该工况泄洪流态如图 13-63~图 13-67 所示。

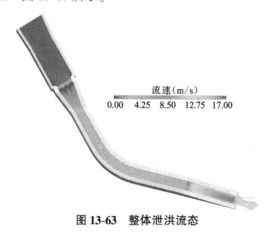

流速(m/s)

0.00 4.25 8.50 12.75 17.00

图 13-63 整体泄洪流态

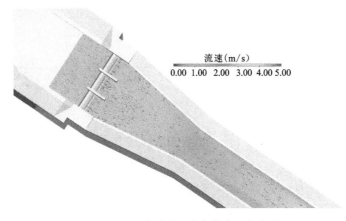

图 13-64　闸室段、渐变段流速分布图

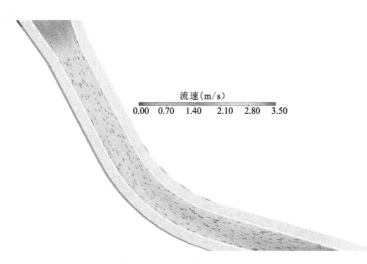

图 13-65　转弯段流速分布图

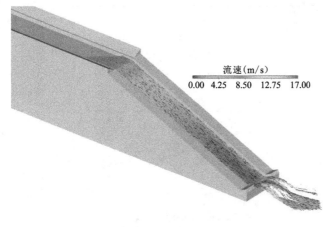

图 13-66　陡槽段及挑射水流流态

图 13-67　溢流堰流速分布断面图

20 年一遇设计洪水工况时,来流为 53.3 m³/s,库区水面平稳,水流经进口土渠段流入石笼护底段,此处桩号溢 0-082.00 最大流速为 0.51 m/s。之后水流经闸室控制段进入渐变段,此时水面壅高明显,水面波动剧烈,桩号溢 0+008(闸室末端)最大流速为 2.78 m/s,桩号溢 0+052(渐变段末端)最大流速为 2.46 m/s,桩号溢 0+122.78(转弯起始处)最大流速为 2.26 m/s,桩号溢 0+163.15(转弯中间处)最大流速为 2.31 m/s,桩号溢 0+203.52(转弯终止处)最大流速为 3.67 m/s。转弯段流速分布呈现表流速大于底流速的分布特征;右侧水深高于左侧水深。桩号溢 0+295.00(泄槽起始端)最大流速为 4.58 m/s,水流跌入泄槽段后流速急速增大,在桩号溢 0+382.00(泄槽末端)处流速为 16.97 m/s。水流经挑流鼻坎处流速为 11.21 m/s,之后形成挑射水流砸向开挖平台后流入岸坡。

2.50 年一遇洪水工况

50 年一遇设计洪水工况时,下泄流量为 65.2 m³/s,溢洪道敞泄,上游水位为设计水位 4 551.09 m。

库区水面平稳,水流经进口土渠段流入石笼护底段,之后水流经闸室控制段进入渐变段,此时水面壅高明显,水面波动幅度明显,水流出渐变段经转弯段急速跌入泄槽段,经挑流鼻坎段后,形成挑流,跌落在护坦后连接高程为 4 511.44 m 的原地形开挖平台上。该工况泄洪流态如图 13-68~图 13-72 所示。

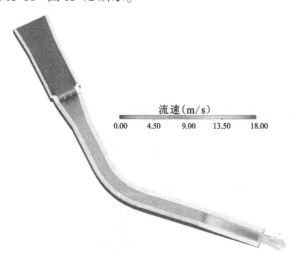

图 13-68　整体泄洪流态

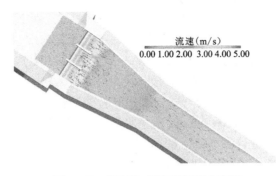

图 13-69 闸室段、渐变段流速分布图

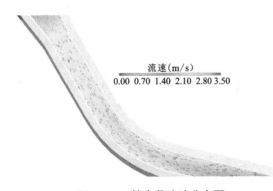

图 13-70 转弯段流速分布图

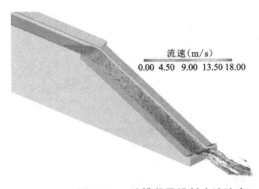

图 13-71 陡槽段及挑射水流流态

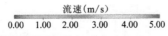

图 13-72 溢流堰流速分布断面图

50 年一遇设计洪水工况时,来流为 65.2 m³/s,库区水面平稳,水流经进口土渠段流入石笼护底段,此处桩号溢 0-082.00 最大流速为 0.53 m/s。之后水流经闸室控制段进入渐变段,此时水面壅高明显,水面波动剧烈,桩号溢 0+008(闸室末端)最大流速为 2.75 m/s,桩号溢 0+052(渐变段末端)最大流速为 2.19 m/s,桩号溢 0+122.78(转弯起始处)最大流速为 2.36 m/s,桩号溢 0+163.15(转弯中间处)最大流速为 2.23 m/s,桩号溢 0+203.52(转弯终止处)最大流速为 3.36 m/s。转弯段流速分布呈现表流速大于底流速的分布特征;右侧水深高于左侧水深。桩号溢 0+295.00(泄槽起始端)最大流速为 4.68 m/s,水流跌入泄槽段后流速急速增大,在桩号溢 0+382.00(泄槽末端)处流速为 16.68 m/s。水流经挑流鼻坎处流速为 13.23 m/s,之后形成挑射水流砸向开挖平台后流入岸坡。

3.1 000 年一遇洪水工况

1 000 年一遇校核洪水工况时,下泄流量为 105.7 m³/s,溢洪道敞泄,上游水位为校核水位 4 551.51 m。

库区水面平稳,水流经进口土渠段流入石笼护底段,之后水流经闸室控制段进入渐变段,此时水面壅高明显,水面波动剧烈,水流出渐变段经转弯段急速跌入泄槽段,经挑流鼻坎段后,形成挑流,跌落在护坦后连接高程为 4 511.44 m 的原地形开挖平台上。该工况泄洪流态如图 13-73~图 13-77 所示。

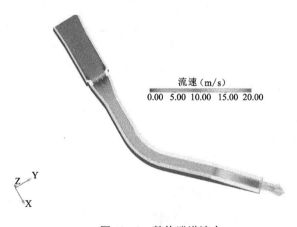

图 13-73　整体泄洪流态

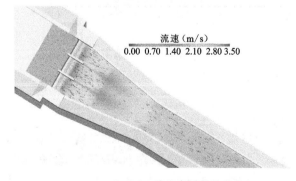

图 13-74　闸室段、渐变段流速分布图

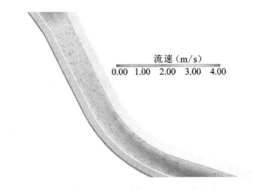

图 13-75　转弯段流速分布图

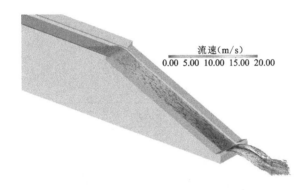

图 13-76　陡槽段及挑射水流流态

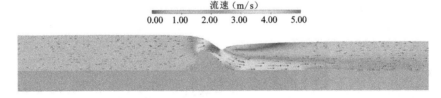

图 13-77　溢流堰流速分布断面图

　　1 000 年一遇校核洪水工况时,来流为 105.7 m³/s,库区水面平稳,水流经进口土渠段流入石笼护底段,此处桩号溢 0-082.00 最大流速为 0.79 m/s。之后水流经闸室控制段进入渐变段,此时水面壅高明显,水面波动剧烈,桩号溢 0+008(闸室末端)最大流速为 3.26 m/s,桩号溢 0+052(渐变段末端)最大流速为 2.86 m/s,桩号溢 0+122.78(转弯起始处)最大流速为 2.78 m/s,桩号溢 0+163.15(转弯中间处)最大流速为 3.16 m/s,桩号溢 0+203.52(转弯终止处)最大流速为 3.96 m/s。转弯段流速分布呈现表流速大于底流速的分布特征;右侧水深高于左侧水深。桩号溢 0+295.00(泄槽起始端)最大流速为 4.96 m/s,水流跌入泄槽段后流速急速增大,在桩号溢 0+382.00(泄槽末端)处流速为 19.98 m/s。

水流经挑流鼻坎处流速为 17.15 m/s,之后形成挑射水流砸向开挖平台后流入岸坡。

13.2.3.4 压力计算成果

沿溢洪道陡槽段及挑流鼻坎段中心线提取 9 个测点压力,测点位置如图 13-78 所示。数学模型进行了 20 年一遇、50 年一遇、1 000 年一遇洪水工况的计算,各个工况计算的时均压力情况见表 13-19。通过表 13-19 可以看出陡槽段及挑流鼻坎段压力均为正值,无负压情况产生。

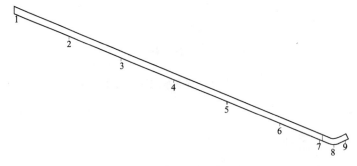

图 13-78 压力测点分布图

表 13-19　　　　　　　　　　　时均压力汇总表

测点编号	测点高程（m）	各试验工况时均压力（kPa）		
		20 年一遇洪水（$Q=53.3\ \mathrm{m^3/s}$）	50 年一遇洪水（$Q=65.2\ \mathrm{m^3/s}$）	1 000 年一遇洪水（$Q=105.7\ \mathrm{m^3/s}$）
1	4 547.41	6.92	8.96	9.63
2	4 541.47	2.32	3.75	2.56
3	4 535.25	3.56	2.37	2.35
4	4 529.53	1.21	1.25	2.16
5	4 523.64	1.98	2.05	3.21
6	4 517.70	2.21	3.86	4.68
7	4 513.24	3.56	3.98	2.31
8	4 511.85	32.11	35.6	55.15
9	4 513.08	2.11	2.13	2.09

13.2.3.5 水面线计算成果

根据 20 年一遇、50 年一遇、1 000 年一遇 3 种工况下的数学模型计算结果,提取溢洪道纵向中心线沿程水面高程值,不同工况下水面线分布情况见表 13-20 和如图 13-79~图 13-81 所示。

水面线分布表

表 13-20   单位：m

桩号	底板高程	洪水工况							
		20 年一遇（$Q=53.3 \text{ m}^3/\text{s}$）		50 年一遇（$Q=65.2 \text{ m}^3/\text{s}$）		1 000 年一遇洪水（$Q=105.7 \text{ m}^3/\text{s}$）	
		水面高程	水深	水面高程	水深	水面高程	水深
YHD0+000.00	4 548.00	4 550.76	2.76	4 550.76	2.76	4 551.12	3.12
YHD0+008.00	4 548.00	4 549.62	1.62	4 549.71	1.72	4 550.19	2.19
YHD0+052.00	4 547.96	4 549.40	1.44	4 549.65	1.69	4 550.35	2.39
YHD0+122.78	4 547.89	4 549.32	1.43	4 549.49	1.60	4 550.31	2.42
YHD0+163.15	4 547.84	4 549.29	1.45	4 549.47	1.63	4 550.12	2.28
YHD0+203.52	4 547.80	4 548.99	1.19	4 549.21	1.41	4 549.56	1.76
YHD0+248.52	4 547.76	4 549.12	1.36	4 549.53	1.77	4 549.86	2.10
YHD0+295.00	4 547.71	4 548.59	0.88	4 548.78	1.07	4 549.23	1.52
YHD0+340.00	4 529.71	4530.01	0.30	4 530.05	0.34	4 530.21	0.50
YHD0+382.00	4 512.91	4 513.19	0.28	4 513.24	0.33	4 513.25	0.34

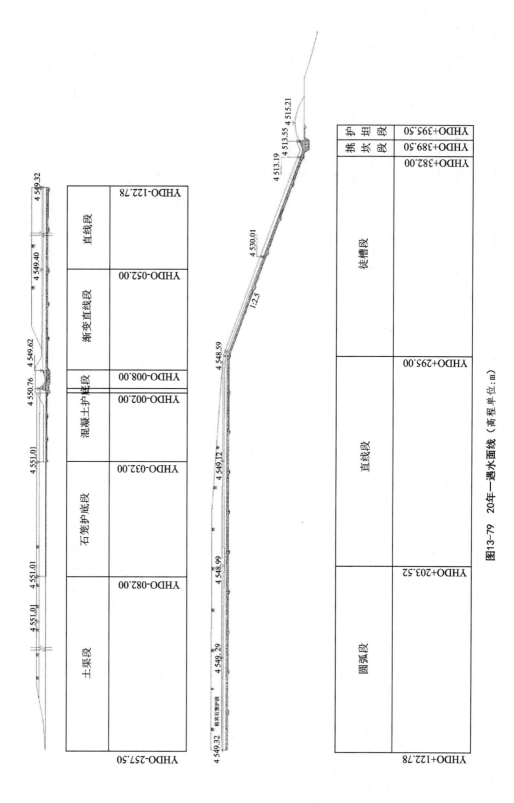

图13-79　20年一遇水面线（高程单位：m）

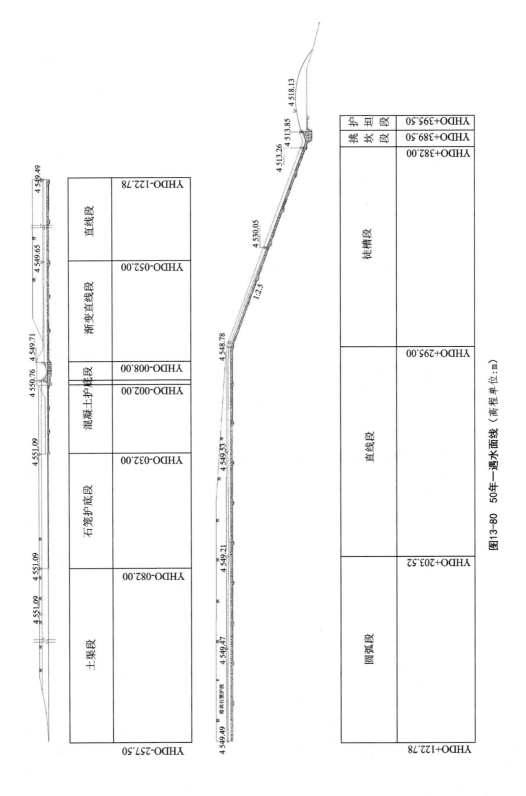

图13-80　50年一遇水面线（高程单位：m）

土渠段	石笼护底段	混凝土护底段	渐变直线段	直线段
YHD0-080.00	YHD0-032.00	YHD0-002.00	YHD0-008.00	YHD0-052.00	YHD0-122.78

YHD0-257.50

圆弧段	直线段	徒槽段	挑坎段	护田段
YHD0+203.52	YHD0+295.00	YHD0+382.00	YHD0+389.50	YHD0+395.50

YHD0+122.78

4 549.49
4 549.65
4 549.71
4 550.76
4 551.09
4 551.09
4 551.09
4 551.09

4 518.13
4 513.85
4 513.26
4 530.05
1:2.5
4 548.78
4 549.53
4 549.21
4 549.47
4 549.49

格宾石笼护底

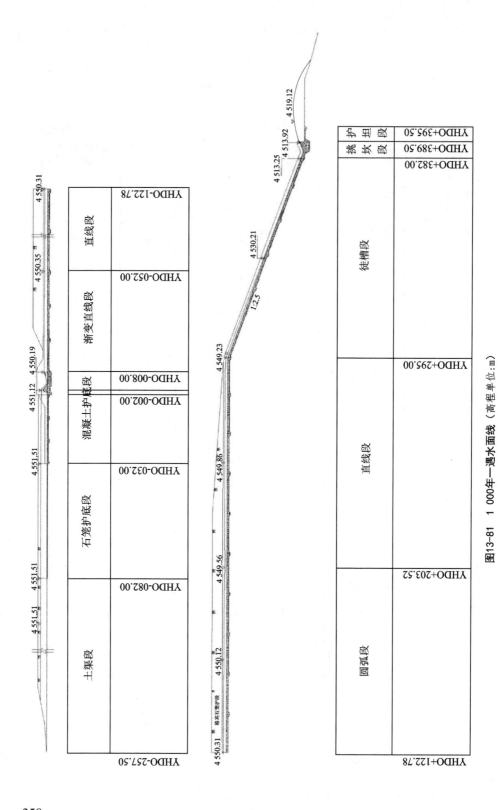

图13-81　1 000年一遇水面线（高程单位：m）

从计算结果可以看出,3种不同工况下水面线的变化规律基本一致,缓坡段(YHD0+000.00—YHD0+295.00)水深沿程变化不大,当水流进入陡槽段(YHD0+295.00—YHD0+382.00)时,水深突然变浅,流速急速增大,经过挑坎形成挑射水流砸到开挖平台上。

13.2.4 物理模型研究成果

13.2.4.1 模型设计

根据任务书技术要求,结合试验供水条件及场地条件,确定模型为正态模型,几何比尺为 $\alpha_l = \alpha_h = 40$。水流运动主要作用力是重力,因此,模型按重力相似准则设计,保持原型、模型佛汝德数相等。根据重力相似准则,相应的流量比尺、流速比尺、糙率比尺和时间比尺如下所述。

流量比尺:$\alpha_Q = \alpha_l^{5/2} = 10\,119.29$;

流速比尺:$\alpha_v = \alpha_l^{1/2} = 6.32$;

糙率比尺:$\alpha_n = \alpha_l^{1/6} = 1.85$;

时间比尺:$\alpha_t = \alpha_l^{1/2} = 6.32$。

模型模拟范围:溢洪道进口土渠段、石笼护底段、混凝土护底段、闸室控制段、渐变段、直线段、圆弧转弯段、直线段、陡槽段、挑流鼻坎段、护坦段、坝下230~440 m河道地形,高程模拟至4 515 m。模型布置图如图13-82所示。

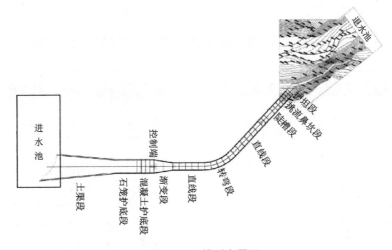

图13-82 模型布置图

13.2.4.2 不同工况下流速、流态特征

1.20年一遇洪水工况

20年一遇洪水工况时,来流为53.3 m³/s,库区水面平稳,水流经进口土渠段流入石笼护底段,此处溢0-082.00最大流速为0.42 m/s,之后水流经闸室控制段平顺进入渐变段,桩号溢0+008(闸室末端)最大流速为2.56 m/s。水流出渐变段经转弯段急速跌入泄槽段,经挑流鼻坎段后,形成挑流,跌落在护坦后连接高程为4 511.44 m的原地形开挖平台上。桩号溢0+122.78(转弯起始处)最大流速为2.00 m/s,桩号溢0+163.15(转弯中间处)最大流速为2.20 m/s,桩号溢0+203.52(转弯终止处)最大流速为3.15 m/s。转弯段流速

分布呈现左侧大右侧小的分布特征;左侧与右侧水深基本一致,转弯段末端右侧水深略高
于左侧水深。桩号溢 0+295.00(泄槽起始端)最大流速为 4.22 m/s,水流入泄槽段后流速
急速增大,在桩号溢 0+382.00(泄槽末端)处流速达最大为 19.33 m/s。水流经挑流鼻坎
处最大流速为 9.53 m/s,挑距为 15.6~19.2 m,从左往右挑距逐渐减小,水舌最高点距挑坎
7.6 m,水面高程为 4 515.76 m,水流砸向开挖平台后流入岸坡(开挖平台末端)时的最大
流速为 10.48 m/s,平均流速为 9.88 m/s。边坡上的最大流速为 13.72 m/s,平均流速为
12.57 m/s。溢洪道沿程水流流态如图 13-83~图 13-86 所示。

图 13-83　20 年一遇洪水控制段及渐变段水流流态　　图 13-84　20 年一遇洪水转弯段水流流态

图 13-85　20 年一遇洪水陡槽段水流流态　　图 13-86　20 年一遇洪水挑流鼻坎段水流流态

2.50 年一遇洪水工况

50 年一遇设计洪水工况时,来流为 65.2 m³/s,库区水面平稳,水流经进口土渠段流入
石笼护底段,此处桩号溢 0-082.00 最大流速为 0.48 m/s,之后水流经闸室控制段进入渐
变段,水面波动幅度明显,桩号溢 0+008(闸室末端)最大流速为 2.83 m/s。水流出渐变段

经转弯段急速跌入泄槽段,经挑流鼻坎段后,形成挑流,跌落在护坦后连接高程为4 511.44 m的原地形开挖平台上。桩号溢 0+122.78(转弯起始处)最大流速为 2.07 m/s,桩号溢 0+163.15(转弯中间处)最大流速为 2.25 m/s,桩号溢 0+203.52(转弯终止处)最大流速为 3.03 m/s。转弯段流速分布呈现左侧大右侧小的分布特征;右侧水深高于左侧水深。桩号溢 0+295.00(泄槽起始端)最大流速为 4.37 m/s,水流入泄槽段后流速急速增大,在桩号溢 0+382.00(泄槽末端)处流速达到最大值为 14.64 m/s。水流经挑流鼻坎处最大流速为 12.45 m/s,挑距为 18.8～22.4 m,从左往右挑距逐渐减小,水舌最高点距挑坎10 m,水面高程为 4 516.24 m,水流砸向开挖平台后流入岸坡(开挖平台末端)时的最大流速为 10.66 m/s,平均流速为 8.14 m/s。边坡上的最大流速为 10.23 m/s,平均流速 8.79 m/s。溢洪道沿程水流流态如图 13-87～图 13-90 所示。

图 13-87　50 年一遇洪水控制段及渐变段水流流态

图 13-88　50 年一遇洪水转弯段水流流态

图 13-89　50 年一遇洪水陡槽段水流流态

图 13-90　50 年一遇洪水挑流鼻坎段水流流态

3.1 000 年一遇洪水工况

1 000 年一遇校核洪水工况时,来流为 105.7 m³/s,库区水面平稳,水流经进口土渠段流入石笼护底段,此处桩号溢 0-082.00 最大流速为 0.86 m/s。之后水流经闸室控制段进入渐变段,此时水面壅高明显,水面波动剧烈,桩号溢 0+008(闸室末端)最大流速为 3.97 m/s。水流出渐变段经转弯段急速跌入泄槽段,经挑流鼻坎段后,形成挑流,跌落在护坦后连接高程为 4 511.44 m 的原地形开挖平台上。桩号溢 0+122.78(转弯起始处)最大流速为 3.11 m/s,桩号溢 0+163.15(转弯中间处)最大流速为 3.21 m/s,桩号溢 0+203.52(转弯终止处)最大流速为 3.90 m/s。转弯段流速分布呈现表流速大于底流速的分布特征;右侧水深高于左侧水深。桩号溢 0+295.00(泄槽起始端)最大流速为 5.14 m/s,水流跌入泄槽段后流速急速增大,在桩号溢 0+382.00(泄槽末端)处流速达到最大值为 19.03 m/s。水流经挑流鼻坎处最大流速为 16.05 m/s,挑距为 27.2~37.6 m。水舌最高点距挑坎 12 m,从左往右挑距逐渐减小,水面高程为 4 517.64 m,水流砸向开挖平台后流入岸坡(开挖平台末端)时的最大流速为 15.10 m/s,平均流速为 11.36 m/s。边坡上的最大流速为 17.49 m/s,平均流速为 11.57 m/s。溢洪道沿程水流流态如图 13-91~图 13-94 所示。

图 13-91 1 000 年一遇校核洪水控制段及渐变段水流流态

图 13-92 1 000 年一遇校核洪水转弯段水流流态

图 13-93 1 000 年一遇校核洪水陡槽段水流流态

图 13-94 1 000 年一遇校核洪水挑流鼻坎段水流流态

13.2.4.3　压力试验成果

沿溢洪道陡槽段及挑流鼻坎段中心线布设 9 个测点,测点布设位置如图 13-95 所示。对溢洪道进行了以下 3 种试验工况的测定:20 年一遇洪水工况、50 年一遇洪水工况、1 000 年一遇洪水工况。各个工况测定的时均压力情况见表 13-21。通过表 13-21 可以看出陡槽段及挑流鼻坎段压力均为正值,无负压情况产生。

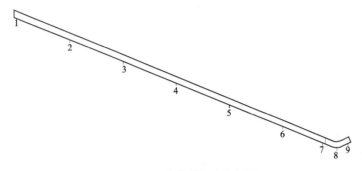

图 13-95　溢洪道压力布点图

表 13-21 溢洪道压力数值表

测点编号	测点高程（m）	各试验工况时均压力（kPa）		
		20 年一遇洪水（$Q=53.3$ m³/s）	50 年一遇洪水（$Q=65.2$ m³/s）	1 000 年一遇洪水（$Q=105.7$ m³/s）
1	4 547.41	5.80	7.76	8.94
2	4 541.47	1.71	2.1	1.32
3	4 535.25	2.23	1.18	1.1
4	4 529.53	0.59	0.67	0.74
5	4 523.64	1.19	1.97	3.15
6	4 517.70	1.80	3.76	4.54
7	4 513.24	0.39	0.43	0.47
8	4 511.85	23.04	28.14	51.27
9	4 513.08	1.22	1.61	2.01

13.2.4.4　水面线试验成果

根据 20 年一遇、50 年一遇、1 000 年一遇 3 种工况下的物理模型试验结果,提取溢洪道纵向中心线沿程水面高程值,不同工况下水面线分布情况见表 13-22 和如图 13-96~图 13-98 所示。

表 13-22　　水面线分布表

单位：m

桩号	底板高程	洪水工况					
		20 年一遇（Q=53.3 m³/s）		50 年一遇（Q=65.2 m³/s）		1 000 年一遇洪水（Q=105.7 m³/s）	
		水面高程	水深	水面高程	水深	水面高程	水深
YHD0+000.00	4 548.00	4 550.74	2.74	4 550.96	2.96	4 551.14	3.14
YHD0+008.00	4 548.00	4 549.54	1.55	4 549.72	1.73	4 550.16	2.16
YHD0+052.00	4 547.96	4 549.38	1.42	4 549.68	1.72	4 550.31	2.35
YHD0+122.78	4 547.89	4 549.26	1.37	4 549.52	1.63	4 550.24	2.35
YHD0+163.15	4 547.84	4 549.18	1.34	4 549.43	1.59	4 550.08	2.24
YHD0+203.52	4 547.80	4 548.74	0.94	4 549.16	1.36	4 549.52	1.72
YHD0+248.52	4 547.76	4 549.02	1.26	4 549.47	1.71	4 549.91	2.15
YHD0+295.00	4 547.71	4 548.54	0.83	4 548.79	1.08	4 549.19	1.48
YHD0+340.00	4 529.71	4 529.95	0.24	4 529.97	0.26	4 530.11	0.40
YHD0+382.00	4 512.91	4 513.07	0.16	4 513.19	0.28	4 513.17	0.26

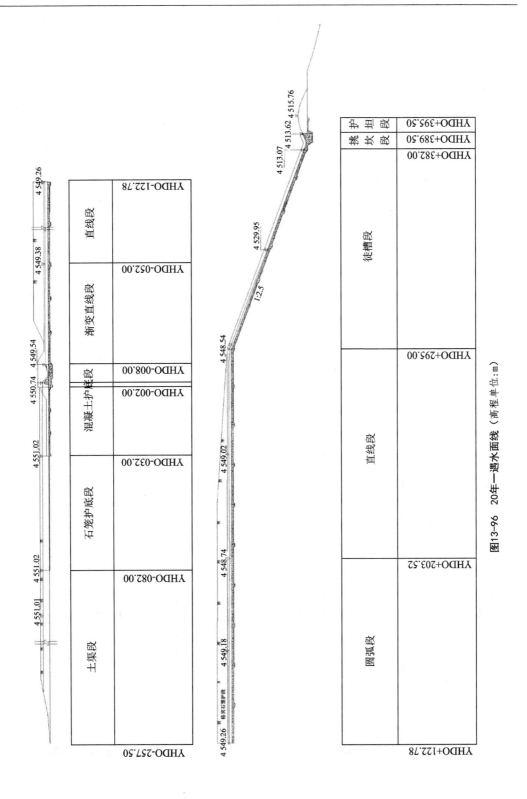

图13-96 20年一遇水面线（高程单位：m）

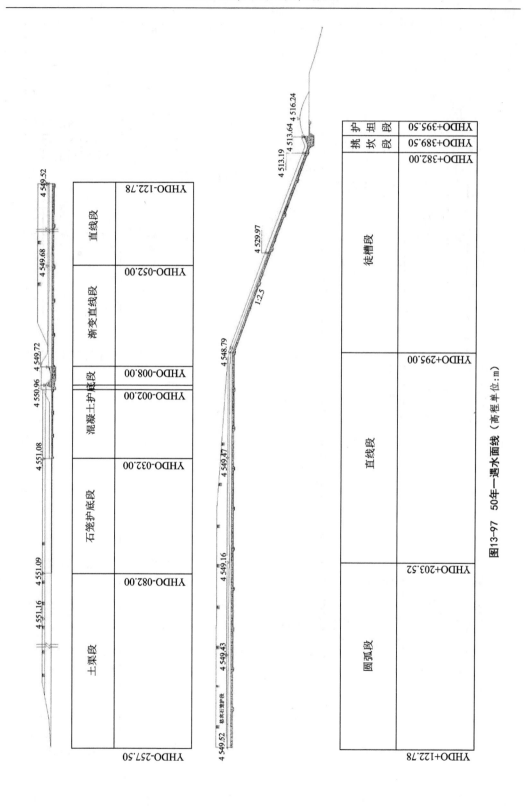

图13-97 50年一遇水面线（高程单位：m）

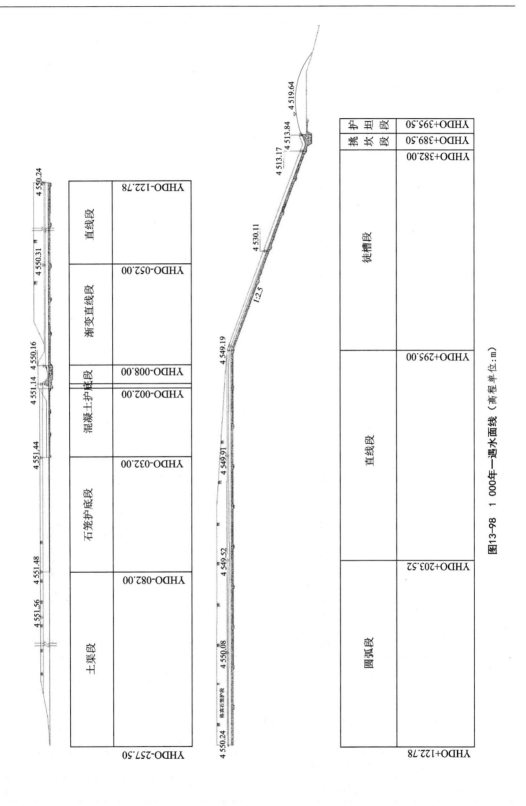

图13-98　1 000年一遇水面线（高程单位：m）

	挑 出 段	YHDO+395.50
	坎 出 段	YHDO+389.50
	徒槽段	YHDO+382.00
		YHDO+295.00
	直线段	
		YHDO+203.52
	圆弧段	
YHDO+122.78		

直线段	YHDO-122.78
渐变直线段	YHDO-052.00
混凝土护底段	YHDO-008.00
	YHDO-002.00
石笼护底段	YHDO-032.00
	YHDO-082.00
土渠段	
YHDO-257.50	

13.2.5 成果对比分析

13.2.5.1 流速成果对比分析

根据 20 年一遇、50 年一遇、1 000 年一遇 3 种工况下的数学模型计算结果及物理模型试验成果,沿溢洪道泄洪中心线分别提取不同工况下各测点桩号位置的流速大小进行对比分析,具体流速测点分布如图 13-99 所示。

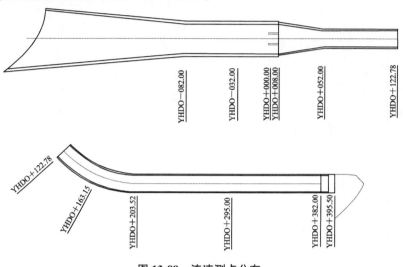

图 13-99 流速测点分布

1.20 年一遇洪水工况

20 年一遇洪水工况时,下泄流量为 53.3 m³/s,溢洪道敞泄,上游水位为设计水位 4 551.01 m。该工况下通过数模计算与物模试验得出的沿程流速分布见表 13-23 和如图 13-100 所示。

表 13-23   20 年一遇洪水工况沿程流速分布

测点编号	断面	$v_{数}$(m/s)	$v_{物}$(m/s)
1	YHD0-082.00	0.51	0.42
2	YHD0-032.00	0.54	0.45
3	YHD0+000.00	3.12	2.84
4	YHD0+008.00	2.78	2.56
5	YHD0+052.00	2.46	2.25
6	YHD0+122.78	2.26	2.00
7	YHD0+163.15	2.31	2.20
8	YHD0+203.52	3.67	3.15
9	YHD0+295.00	4.58	4.22
10	YHD0+382.00	16.97	19.33
11	YHD0+395.50	11.21	9.53

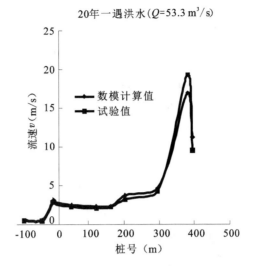

图 13-100 20 年一遇洪水工况沿程流速分布对比

由图 13-100 中可知,溢洪道计算流速在缓坡段(YHD0+008.00—YHD0+295.00)略大于实测流速,水流进入陡槽段后流速突然增大,陡槽段末端的计算流速和实测流速分别为 16.97 m/s 和 19.33 m/s,计算流速小于实测流速,随后水流经挑流鼻坎段形成挑射水流砸到开挖平台上,挑流鼻坎末端的计算流速和实测流速分别为 11.21 m/s 和 9.53 m/s,计算流速略大于实测流速。两种曲线的变化规律基本一致。

2.50 年一遇洪水工况

50 年一遇设计洪水工况时,下泄流量为 65.2 m³/s,溢洪道敞泄,上游水位为设计水位 4 551.09 m。该工况下通过数模计算与物模试验得出的沿程流速分布见表 13-24 和如图 13-101 所示。

表 13-24   50 年一遇洪水工况沿程流速分布

测点编号	断面(m)	$v_{数}$(m/s)	$v_{物}$(m/s)
1	YHD0−082.00	0.53	0.48
2	YHD0−032.00	0.55	0.52
3	YHD0+000.00	2.74	3.00
4	YHD0+008.00	2.75	2.83
5	YHD0+052.00	2.19	2.42
6	YHD0+122.78	2.36	2.07
7	YHD0+163.15	2.23	2.25
8	YHD0+203.52	3.36	3.03
9	YHD0+295.00	4.68	4.37
10	YHD0+382.00	16.68	14.64
11	YHD0+395.50	13.23	12.45

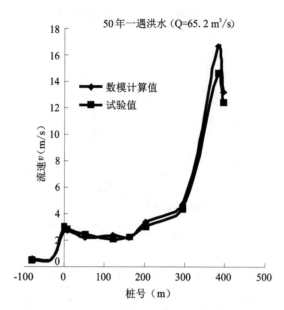

图 13-101　50 年一遇洪水工况沿程流速分布对比

　　由图 13-101 中可知溢洪道计算流速整体略大于实测流速,水流进入陡槽段后流速突然增大,陡槽段末端的计算流速和实测流速分别为 16.68 m/s 和 14.64 m/s,计算流速大于实测流速,随后水流经挑流鼻坎段形成挑射水流砸到开挖平台上,挑流鼻坎末端的计算流速和实测流速分别为 13.23 m/s 和 12.45 m/s,计算流速略大于实测流速。两种曲线的变化规律基本一致。

3.1 000 年一遇洪水工况

　　1 000 年一遇校核洪水工况时,下泄流量为 105.7 m³/s,溢洪道敞泄,上游水位为校核水位 4 551.51 m。此工况下通过数模计算与物模试验得出的沿程流速分布见表 13-25 和如图 13-102 所示。

表 13-25　　　　　　　　　　1 000 年一遇洪水工况沿程流速分布

测点编号	断面(m)	$V_数$(m/s)	$V_物$(m/s)
1	YHD0−082.00	0.79	0.86
2	YHD0−032.00	0.86	0.90
3	YHD0+000.00	3.62	3.71
4	YHD0+008.00	3.26	3.97
5	YHD0+052.00	2.86	3.07
6	YHD0+122.78	2.78	3.11
7	YHD0+163.15	3.16	3.21
8	YHD0+203.52	3.96	3.90
9	YHD0+295.00	4.96	5.14
10	YHD0+382.00	19.98	19.03
11	YHD0+395.50	17.15	16.05

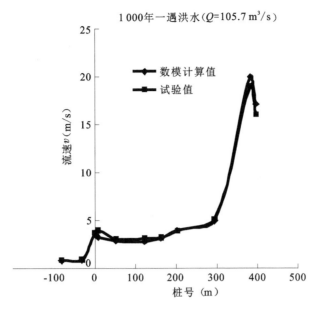

图 13-102　1 000 年一遇洪水工况沿程流速分布

由图 13-102 中可知溢洪道计算流速与实测流速十分接近,水流进入陡槽段后流速突然增大,陡槽段末端的计算流速和实测流速分别为 19.98 m/s 和 19.03 m/s,计算流速略大于实测流速,随后水流经挑流鼻坎段形成挑射水流砸到开挖平台上,挑流鼻坎末端的计算流速和实测流速分别为 17.15 m/s 和 16.05 m/s,计算流速略大于实测流速。两种曲线的变化规律基本一致。

13.2.5.2　压力成果对比分析

沿溢洪道陡槽段中心线选取 8 个测点,根据 20 年一遇、50 年一遇、1 000 年一遇 3 种工况下的数学模型计算结果及物理模型试验成果的压力大小进行对比分析,具体压力测点分布如图 13-103 所示。

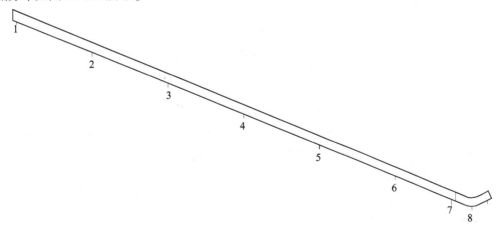

图 13-103　压力测点分布图

1.20 年一遇洪水工况

20 年一遇洪水工况时,下泄流量为 53.3 m³/s,溢洪道敞泄,上游水位为设计水位 4 551.01 m。此工况下通过建立数学模型与物理模型所得出沿程压力分布见表 13-26 和如图 13-104 所示。

表 13-26   20 年一遇洪水工况沿程压力分布

测点号	测点高程(m)	$P_{数}$(kPa)	$P_{物}$(kPa)
1	4 547.41	6.92	5.80
2	4 541.47	2.32	1.71
3	4 535.25	3.56	2.23
4	4 529.53	1.21	0.59
5	4 523.64	1.98	1.19
6	4 517.70	2.21	1.80
7	4 513.24	3.56	0.39
8	4 511.85	32.11	23.04

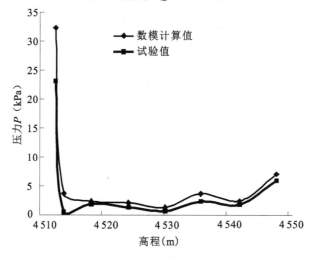

图 13-104   20 年一遇洪水工况沿程压力分布

由图 13-104 可以看出陡槽段水流沿程压力的计算值始终大于试验值,压力变化规律基本相似,最大压力均发生在第 8 测点,测点高程为 4 511.85 m,数模计算最大压力为 32.11 kPa,模型试验最大压力为 23.04 kPa,全程均无负压产生。

2.50 年一遇洪水工况

50 年一遇设计洪水工况时,下泄流量为 65.2 m³/s,溢洪道敞泄,上游水位为设计水位 4 551.09 m。此工况下通过建立数学模型与物理模型所得出沿程压力分布见表 13-27 和如图 13-105 所示。

表 13-27	50 年一遇洪水工况沿程压力分布		
测点号	测点高程（m）	$P_数$（kPa）	$P_物$（kPa）
1	4 547.41	8.96	7.76
2	4 541.47	3.75	2.10
3	4 535.25	2.37	1.18
4	4 529.53	1.20	0.67
5	4 523.64	2.05	1.97
6	4 517.70	3.86	3.76
7	4 513.24	3.98	0.43
8	4 511.85	35.60	28.14

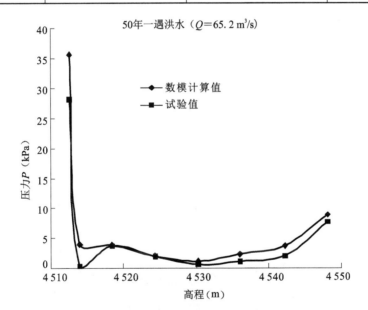

图 13-105　50 年一遇洪水工况沿程压力分布

由图 13-105 可以看出陡槽段水流沿程压力的计算值始终大于试验值,压力变化规律基本相似,最大压力均发生在第 8 测点,测点高程为 4 511.85 m,数模计算最大压力为 35.60 kPa,模型试验最大压力为 28.14 kPa,全程均无负压产生。

3.1 000 年一遇洪水工况

1 000 年一遇校核洪水工况时,下泄流量为 105.7 m³/s,溢洪道敞泄,上游水位为校核水位 4 551.51 m。此工况下通过建立数学模型与物理模型所得出沿程压力分布见表 13-28 和如图 13-106 所示。

表 13-28		1 000 年一遇洪水工况沿程压力分布	
测点号	测点高程（m）	$P_{数}$（kPa）	$P_{物}$（kPa）
1	4 547.41	9.63	8.94
2	4 541.47	2.56	1.32
3	4 535.25	2.35	1.10
4	4 529.53	2.16	0.74
5	4 523.64	3.21	3.15
6	4 517.70	4.68	4.54
7	4 513.24	2.31	0.47
8	4 511.85	55.15	51.27

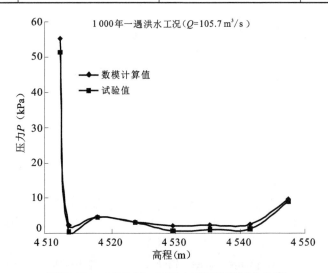

图 13-106　1 000 年一遇洪水工况沿程压力分布

　　由图 13-106 可以看出陡槽段水流沿程压力的计算值始终大于试验值,压力变化规律基本相似,最大压力均发生在第 8 测点,测点高程为 4 511.85 m,数模计算最大压力为 55.15 kPa,模型试验最大压力为 51.27 kPa,全程均无负压产生。

13.2.5.3　水面线成果对比分析

　　根据 20 年一遇、50 年一遇、1 000 年一遇 3 种工况下的数学模型计算结果及物理模型试验成果,提取溢洪道中心线上的沿程水深、水面高程值进行比较分析,水面线测点桩号分布如图 13-107 所示。

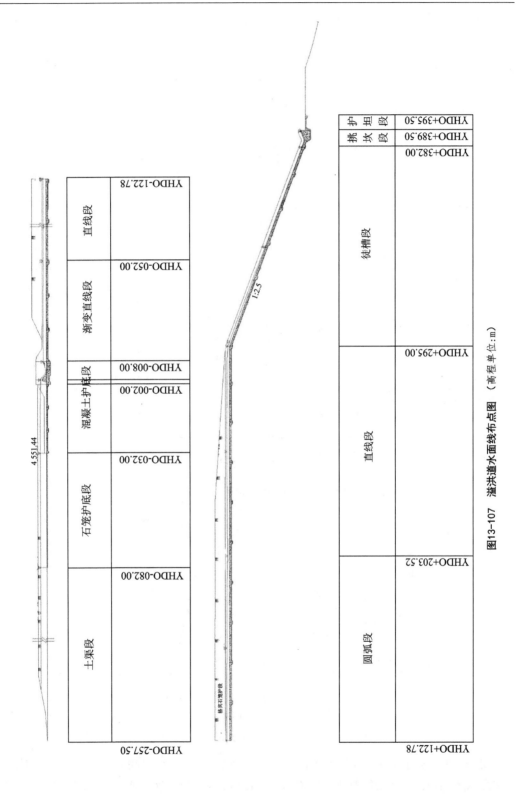

土渠段	石笼护底段	混凝土护底段		渐变直线段	直线段
		YHD0-032.00	YHD0-002.00	YHD0-052.00	
YHD0-082.00		YHD0-008.00			YHD0-122.78

YHD0-257.50

4 551.44

1:2.5

格宾石笼护段

圆弧段	直线段			徒槽段		挑坎段	护坦段
		YHD0+203.52		YHD0+295.00	YHD0+382.00	YHD0+389.50	YHD0+395.50

YHD0+122.78

图13-107　溢洪道水面线布点图　（高程单位：m）

1.20 年一遇洪水工况

20 年一遇洪水工况时,下泄流量为 53.3 m^3/s,溢洪道敞泄,上游水位为设计水位 4 551.01 m。此工况下通过建立数学模型与物理模型所得出沿程压力分布见表 13-29 和如图 13-108 所示。

表 13-29   20 年一遇洪水工况水面线分布表

桩号	底板高程(m)	20 年一遇洪水工况($Q = 53.3 \ m^3/s$)			
		计算值		试验值	
		水面高程(m)	水深(m)	水面高程(m)	水深(m)
YHD0+000.00	4 548.00	4 550.76	2.76	4 550.74	2.74
YHD0+008.00	4 548.00	4 549.62	1.62	4 549.54	1.55
YHD0+052.00	4 547.96	4 549.40	1.44	4 549.38	1.42
YHD0+122.78	4 547.89	4 549.32	1.43	4 549.26	1.37
YHD0+163.15	4 547.84	4 549.29	1.45	4 549.18	1.34
YHD0+203.52	4 547.80	4 548.99	1.19	4 548.74	0.94
YHD0+248.52	4 547.76	4 549.12	1.36	4 549.02	1.26
YHD0+295.00	4 547.71	4 548.59	0.88	4 548.54	0.83
YHD0+340.00	4 529.71	4 530.01	0.30	4 529.95	0.24
YHD0+382.00	4 512.91	4 513.19	0.28	4 513.07	0.16

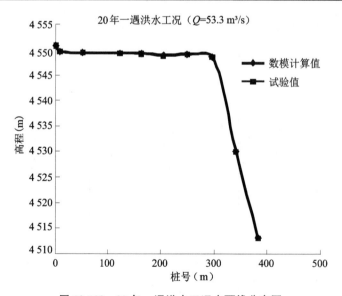

图 13-108   20 年一遇洪水工况水面线分布图

由图 13-108 可以看出计算所得的水面线与实测水面线基本吻合。溢洪道缓坡段水深沿程变化不大,缓坡段计算水深在 0.88~1.62 m 之间波动,实测水深在 0.83~1.55 m 之间波动。当水流进入陡槽段时,水深突然变浅,计算最浅水深为 0.28 m,实测最浅水深为

0.16 m,随后水流挑起砸向开挖平台后流入下游河道。

2.50 年一遇洪水工况

50 年一遇设计洪水工况时,下泄流量为 65.2 m³/s,溢洪道闸门敞泄,上游水位为设计水位 4 551.09 m。此工况下通过建立数学模型与物理模型所得出的水面线分布见表13-30 和如图 13-109 所示。

表 13-30   50 年一遇洪水工况水面线分布表

桩号	底板高程（m）	50 年一遇（$Q=65.2$ m³/s）			
		计算值		试验值	
		水面高程(m)	水深(m)	水面高程(m)	水深(m)
YHD0+000.00	4 548.00	4 550.76	2.76	4 550.96	2.96
YHD0+008.00	4 548.00	4 549.71	1.72	4 549.72	1.73
YHD0+052.00	4 547.96	4 549.65	1.69	4 549.68	1.72
YHD0+122.78	4 547.89	4 549.49	1.60	4 549.52	1.63
YHD0+163.15	4 547.84	4 549.47	1.63	4 549.43	1.59
YHD0+203.52	4 547.80	4 549.21	1.41	4 549.16	1.36
YHD0+248.52	4 547.76	4 549.53	1.77	4 549.47	1.71
YHD0+295.00	4 547.71	4 548.78	1.07	4 548.79	1.08
YHD0+340.00	4 529.71	4 530.05	0.34	4 529.97	0.26
YHD0+382.00	4 512.91	4 513.26	0.35	4 513.19	0.28

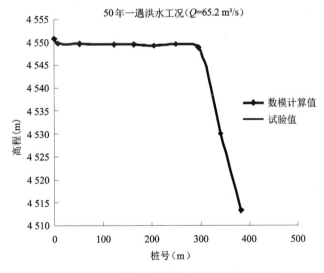

图 13-109   50 年一遇洪水工况水面线分布图

由图 13-109 可以看出计算所得的水面线与实测水面线基本吻合。溢洪道缓坡段水深沿程变化不大,缓坡段计算水深在 1.07~1.72 m 之间波动,实测水深在 1.08~1.73 m 之间波动。当水流进入陡槽段时,水深突然变浅,计算最浅水深为 0.34 m,实测最浅水深为 0.26 m,随后水流挑起砸向开挖平台后流入下游河道。

3.1 000 年一遇洪水工况

1 000 年一遇校核洪水工况时,下泄流量为 105.7 m³/s,溢洪道闸门敞泄,上游水位为校核水位 4 551.51 m。此工况下通过建立数学模型与物理模型所得出水面线分布见表 13-31 和如图 13-110 所示。

表 13-31   1 000 年一遇洪水工况水面线分布表

桩号	底板高程（m）	1 000 年一遇（$Q=105.7$ m³/s）			
		计算值		试验值	
		水面高程(m)	水深(m)	水面高程(m)	水深(m)
YHD0+000.00	4 548.00	4 551.12	3.12	4 551.14	3.14
YHD0+008.00	4 548.00	4 550.19	2.19	4 550.16	2.16
YHD0+052.00	4 547.96	4 550.35	2.39	4 550.31	2.35
YHD0+122.78	4 547.89	4 550.31	2.42	4 550.24	2.35
YHD0+163.15	4 547.84	4 550.12	2.28	4 550.08	2.24
YHD0+203.52	4 547.80	4 549.56	1.76	4 549.52	1.72
YHD0+248.52	4 547.76	4 549.86	2.10	4 549.91	2.15
YHD0+295.00	4 547.71	4 549.23	1.52	4 549.19	1.48
YHD0+340.00	4 529.71	4 530.21	0.50	4 530.11	0.40
YHD0+382.00	4 512.91	4 513.24	0.33	4 513.17	0.26

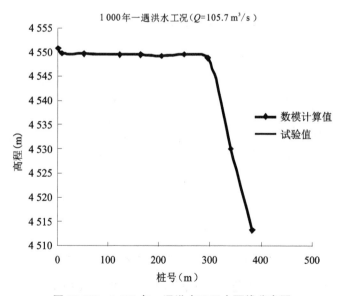

图 13-110 1 000 年一遇洪水工况水面线分布图

由图 13-110 可以看出计算所得的水面线与实测水面线基本吻合。溢洪道缓坡段水深沿程变化不大，缓坡段计算水深在 1.52~2.42 m 之间波动，实测水深在 1.48~2.35 m 之间波动。当水流进入陡槽段时，水深突然变浅，计算最浅水深为 0.33 m，实测最浅水深为 0.26 m，随后水流挑起砸向开挖平台后流入下游河道。

13.2.6 结论

通过运用流体力学软件 FLOW-3D 建立三维数学模型，对 20 年一遇洪水工况、50 年一遇设计洪水工况、1 000 年一遇校核洪水工况进行数值模拟分析，与物理模型的试验成果进行对比论证，得出以下结论：

（1）溢洪道相同位置的计算流速与实测流速大小基本接近，流速整体变化规律相似。其中，溢洪道陡槽段及挑流鼻坎段流速偏差明显，分析其原因可能是由于溢洪道陡槽段上水深较薄，数值模拟测点与试验中放置流速仪的位置不完全一致造成的。或者是由于计算参数取值、边界条件范围设定存在差异性造成的。

（2）溢洪道陡槽段相同测点的计算压力与实测压力基本接近，数模计算压力略大于试验实测压力，在挑坎反弧最低点压力最大，全程均未有负压的情况产生。

（3）计算所得的水面线与实测水面线基本吻合，溢洪道缓坡段水深沿程变化不大，比较稳定。当水流进入陡槽段时，水深突然变浅，流速急速增大，随后水流挑起砸向开挖平台后流入下游河道。

通过上述数学模型计算值与物理模型试验值对比分析发现，计算值与实测值基本一致，变化规律基本相同，局部产生较大偏差可能是受现场环境或计算取值参数等因素的影响，我们可以认为采用 FLOW-3D 软件可以对西藏帕古溢洪道水力学条件进行精准模拟。